■ 建筑手绘表现技法丛书

JIANZHU MAKEBI SHOUHUI JIFA YU ANLI

建筑马克笔手绘
技法与案例

李国光　李磊　编著

U0341623

中国电力出版社
CHINA ELECTRIC POWER PRESS

内容提要

建筑马克笔手绘以钢笔画稿为基础，以马克笔笔触的表现为主要内容，画面具有颜色纯净、明快的特点。学习中要以理论与实践相结合的方法，首先要了解马克笔的各种表现方法以及画面的多种美学处理技法；其次，实践训练采取临摹训练与实际写生并行的、循序渐进的方法。笔触训练除了建筑形体表现外，还要掌握各种建筑配景的表达。本书的特色是从建筑师手绘设计角度出发，在手绘表现过程中始终结合建筑造型规律、建筑美学要素，以建筑作品实现为目标进行全方位马克笔手绘表达。全书内容紧凑，例图信息量较大，全面考虑了读者临摹学习的要求以及方便性。

本书可作为建筑马克笔手绘爱好者的学习临摹参考书，也可作为建筑学、城市规划、环境艺术等专业师生的教学参考用书，也可为广大美术爱好者欣赏参阅。

图书在版编目（CIP）数据

建筑马克笔手绘技法与案例／李国光，李磊编著.—北京：中国电力出版社，2016.6
ISBN 978-7-5123-9199-4

Ⅰ.①建… Ⅱ.①李… ②李… Ⅲ.①建筑画－绘画技法 Ⅳ.①TU204

中国版本图书馆CIP数据核字(2016)第073509号

中国电力出版社出版发行

北京市东城区北京站西街19号　　100005　　http://www.cepp.sgcc.com.cn
责任编辑：胡堂亮　梁　瑶　　联系电话：010-63412605
责任印制：蔺义舟　　　　责任校对：王小鹏
北京盛通印刷股份有限公司印刷·各地新华书店经售
2016年6月第1版·第1次印刷
880mm×1230mm 1/16·13印张·189千字
定价：58.00元

敬告读者

本书封底贴有防伪标签，刮开涂层可查询真伪
本书如有印装质量问题，我社发行部负责退换

版权专有　翻印必究

前　言

　　手绘表达在建筑设计的整个过程中有着不可替代的重要作用，富有创意性的构思和熟练形象的手绘表达常常成为解决设计问题的关键，很多创意新颖的想法都是在手绘构思的过程中表达完成的。建筑手绘的主要表现工具有钢笔（或针管笔等）、马克笔和彩色铅笔等，运用范围包括方案的构思阶段、细部设计深化阶段和设计方案的交流沟通阶段等。在求职就业和研究生入学考试的必考科目——建筑快题设计中，手绘表达更起到了至关重要的作用，手绘表现能力的好坏有时直接决定了考试的成败。本书主要介绍建筑马克笔手绘技法方面的内容及相关的案例。

　　本书是从建筑师手绘设计角度出发，在马克笔手绘表现过程中始终结合建筑造型规律和建筑美学要素，以建筑作品实现为目标进行全方位的马克笔手绘训练表达。马克笔手绘强调对形体的空间和光影的塑造，并用最简练的笔触进行高度概括，要求学习者对色彩进行研究并学会对常用色系进行搭配，画面始终强调层次变化的表达和对比手法的运用，通过系统的训练每人会形成各自的不同风格，这与建筑创作的个性实现是高度一致的。

　　建筑马克笔手绘主要是以钢笔画稿为基础，徒手或者借助直尺进行的以笔触的表现为特点的表现类型。马克笔本身的材料与颜色属性决定了它的快速、高效的表现特色，同时画面具有颜色纯净、明快的特点。马克笔属于干笔涂抹叠加的绘画工具，绘画中不需要用水和其他颜料调和，因此在建筑设计方案构思表达中具有比水彩和水粉更为便利的优势。在马克笔学习与训练过程中要坚持理论学习与勤于动手的原则，在训练中不断领悟用笔的方法诀窍，提高马克笔的综合表现力。

　　建筑马克笔手绘水平的提高是一个渐进的过程，但只要方法得当，水平的进步还是比较明显的，实践训练要靠临摹训练与实际写生并行的、循序渐进的方法。开始阶段的训练侧重于笔触训练和对于各种表现方法的认识了解，确定自己喜欢的风格，理解马克笔各种美学处理技法，之后进行各种单项要素的训练，即除了建筑形体的表现，还要逐步掌握树木、人物、地面、水面和天空等建筑配景的表达。最后训练内容是，在一幅完整的画面训练中逐步应用

前面掌握的内容，临摹学习他人的表现技巧，逐步应用于自己的写生创作中。

　　本书的内容体系是按照学习训练的步骤，由浅入深、由理论到实践创作，书中没有长篇大论地叙述文字，而是从便于读者阅读和理解的角度，以比较少的、非常精要的文字来点明各部分的内容要点。书中配以大量的例图，每部分例图都有详尽的训练要点说明，通过对例图的临摹理解可以达到对技法理论的全方位掌握。全书内容紧凑，例图信息量较大，全面考虑了读者临摹学习的要求以及方便性。

　　本书可作为建筑马克笔手绘爱好者的学习临摹参考书，也可作为建筑学、城市规划、环境艺术等专业师生教学参考用书，也可为广大美术爱好者欣赏参阅。

　　本书编委会其他成员（排名不分先后）：

　　褚童洲（中国航空规划设计研究总院）、种道玉（北京工业大学）、胡春晖（北京市建筑设计研究院）、马静（北京城市学院）、伍尤涛（美国wells建筑设计公司）、闫芳（郑州航空工业管理学院）、邹金江（中国航空规划设计研究总院）、牟连臣（北京市住宅建筑设计研究院）、张建国（昆明理工大学）。

　　在本书的整个编写过程中，北京工业大学李艾芳教授、戴俭教授、孙颖副教授、全惠民副教授给予了方向性的指导，同时也得到了李宣宣、郭惠君、房明、陈蓁、孙愉、肖俊杰、张德操、吕勇、范彦波、张聪、曹璞等人的大力协助，中国电力出版社梁瑶、胡堂亮编辑为本书的编辑策划提出了宝贵建议，在此一并表示感谢。

　　由于笔者能力有限，书中难免有不妥之处，望广大读者朋友给予指正，不胜感激，以便再版时修正。

编著者

Contents

目　录

前　言

建筑马克笔手绘概述

第2章

建筑马克笔手绘技法

建筑马克笔手绘训练

第 4 章

建筑马克笔写生与创作案例

参考文献

第 1 章

建筑马克笔手绘概述

北海静心斋

1.1　概念与特点

1.1.1　马克笔手绘概述

　　马克笔是随着现代化工业的发展而出现的一种新型书写和绘画工具，名字来源于英文"Marker"，俗称记号笔。它具有非常完整的色彩系统供绘画者使用，是一种速干、稳定性高的绘画材料，在设计行业（平面设计、服装设计、工业设计、环艺设计、建筑设计等）具有广泛的运用，是设计者表达设计概念和方案构思不可或缺的重要工具，同时它也逐渐被绘画爱好者所喜欢和使用，成为创作表现新的表达工具之一。

马克笔表现的高层建筑构思方案，具有快速、简洁和直观特点。

1.1.2　马克笔手绘特点

　　马克笔色泽清新、透明，笔触极富有现代感，加上使用和携带方便，受到了设计者和美术爱好者的青睐。

　　马克笔笔尖有楔形方头、圆头等几种形式，可以画出粗、中、细不同宽度的线条，通过各种排列组合方式，形成不同的明暗块面和笔触，具有较强的表现力。

　　马克笔单只的颜色是固定的，不会因为用笔力度的轻重而产生颜色深浅的变化，在一百多种色彩的笔中选择画面所需要的颜色，通过笔触的排列和叠加来完成画面的色彩、明暗和空间效果表达。

马克笔表现的建筑艺术中心构思方案，颜色明快，表达概括。

乡村俱乐部马克笔表达，深色天空与地面衬托出建筑形体。

1.1.3   建筑马克笔手绘

在建筑前期的概念设计和方案设计阶段，运用马克笔表达草图具有便捷、快速、直观的特点，能更好地表达出设计构思，也容易使别人理解设计意图。

建筑马克笔的表达主要是通过在"黑白稿"基础上的涂色来完成的。建筑黑白稿通常是钢笔画稿（钢笔或针管笔绘制），也可以是铅笔稿或其他，以墨线稿涂色效果最佳。

建筑马克笔表现主要分为建筑外观表现和室内表现，建筑设计专业人士主要以绘制建筑外观效果图为主，在建筑主体塑造的同时掌握建筑环境的表现方法。

建筑立面设计，在钢笔稿基础上用马克笔涂色，建筑层次感强烈。

马克笔表现的现代小型办公建筑，色彩素雅、清爽。

1.2　工具与笔触表达

1.2.1　马克笔手绘工具

筆：水性马克笔，笔触边界明确，色彩与水可以融合，与彩色铅笔、水彩相容性好；油性马克笔，色彩不溶于水，光亮透明，笔触间边界容易融合，适于铜版纸表现。

纸：可使用普通白纸（复印纸）、色纸、硫酸纸、草图纸、铜版纸、卡纸等，经过练习要掌握每种纸的特点，选择自己习惯用的即可。一般说来，色纸的表现要考虑纸的颜色对画面氛围的影响，硫酸纸和草图纸涂色看起来色彩变浅，后面垫一层白纸后即可显示真实颜色。

辅助工具：画夹画板，尺规工具等，在大面积作画时，比如绘制A3或者以上大小的画幅，对大面积天空和墙体涂色可以借助直尺排列笔触，画面显得规矩、整齐、钢劲有力，但画面缺少灵活变化，一般是采取徒手与直尺相结合的方法，小幅画面徒手即可。

几种常用的马克笔，
笔头有粗细之分。

1.2.2　笔触表现方法

　　笔触的肯定性。马克笔要力求下笔准确、肯定，不拖泥带水，干净而纯粹的笔法符合马克笔的特点，对色彩的显示特性、运笔方向、运笔长短等在下笔之前都要考虑清楚，避免犹豫，忌讳笔调琐碎、磨蹭、迂回，要下笔流畅、一气呵成。

　　排线方法：平铺、叠加、留白。

　　马克笔常用楔形的方笔头进行宽笔表现，要组织好宽笔触并置的衔接，平铺时讲究对粗、中、细线条的运用与搭配，避免死板。

　　马克笔色彩可以叠加，叠加一般在前一遍色彩干透之后进行，避免叠加色彩不均匀和纸面起毛。颜色叠加一般是同色叠加使色彩加重，叠加还可以使一种色彩融入其他色调，产生第三种颜色，叠加遍数不宜过多，避免纸面起毛和颜色污浊，影响色彩的清新透明性。

　　马克笔笔触留白主要是反衬物体的高光亮面、反映光影变化、增加画面的活泼感，细长的笔触留白也称"飞白"，在表现地面和水面时常用。

马克笔笔触训练，并置运笔，单色与多色平铺与叠加效果、退晕效果等。

墙面质感的笔触表达，建筑形体与天空的笔触表现。

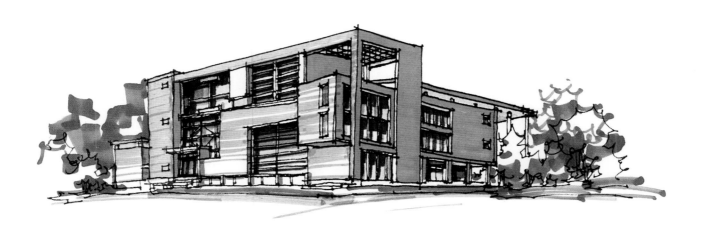

建筑形体明暗面、绿化和地面的笔触表现。

马克笔笔触表现建
筑墙面和天空等。

大门的快速表现，
短笔触快速而活泼。

竖向笔触表现天空、横向笔触表现水面来衬托建筑体量。

彩色笔触衬托建筑形体，笔触明暗体现玻璃墙面和弧形墙体。

1.3　表现方法分类

马克笔粗放型与细致型用笔训练，是实际工作中的表达需要，画面的整体效果差距较大，粗放型强调整体，笔法快速，不拘泥于细节；细致型主要特点是画面工整、笔法严谨细致。

1.3.1　粗放型表现

在建筑设计方案阶段常用粗放型表现方法，以快速、概括的线条表达设计概念和构思，表面看似碎、零乱的线条，实际上在色彩、空间层次上具有内在的逻辑性和审美倾向。表现中不求全面，侧重对主要空间的概括；画面不求丰富多彩，只要能抓住画面的主色调和建筑的精气神即可。

水彩和马克笔综合表现建筑草图。

在构思建筑方案时，适当、巧妙的马克笔运用会使图面更直观形象，加速设计进程，可结合彩铅等多种工具综合表达。

1.3.2 细致型表现

细致型表现主要用于设计成果的表达或是写生表现，画面内容完整，表达完善，用笔整齐，笔触均匀，色彩饱满、过度柔和，形体的透视空间、明暗层次交待的比较清楚，符合逻辑性。

马克笔的色彩表现，在训练中可以参照水彩和水粉画的色系，对马克笔的选择和色彩搭配可参考其他色彩理论学习资料；马克笔的空间明暗表现，主要依照素描理论中的空间明暗与阴影表达技法，所不同的是在这里运用马克笔的各种色彩笔触表现色彩搭配，用不同深浅的笔触表达明暗效果。

国外马克笔建筑表现，建筑形体、光影、质感表达细腻，天空与环境表达饱满细致。

1.3.3   单色系表现

在马克笔训练的开始阶段，可以先训练单色表达，这样不必考虑颜色搭配，只考虑表现建筑的明暗面和阴影层次等，同时要熟练掌握运笔的灵活性、笔触的连接和笔触边界控制等方面的技法。

蓝色系建筑空间表达，主要以天空和水面的蓝色调衬托出建筑，水面局部加几笔绿色调。

以灰色为主色调的单色表现，黑白灰表达出建筑明暗关系，运用素描的光影手法，在笔触上体现马克笔的特色。

1.3.4　多色系表现

对于单色训练技法有一定程度的掌握后，可以进行下一步的多色表现训练，除了考虑空间的明暗阴影之外，还要考虑建筑本身的各部位材质的色调，互相之间的协调搭配，还有建筑与环境的色彩搭配，包括树木、道路、天空和水面等方面的色系表达对建筑的衬托等。

大空间建筑的多色表现，色彩深浅退晕表现到位、对比强烈。

山地别墅建筑采用红、黄为主色调的多色表达，环境以绿色系衬托。

1.3.5　直尺辅助表现

　　建筑画马克笔表现有其特殊性，画面比较大可借助直尺完成较长笔触的表现，画面小可全部用徒手表达，或者采取两者结合的方式。

　　直尺辅助适合表现大体量的、几何感强烈的建筑形体或构成感、方向感较强的墙面等部位，画面严谨、有气势，具有力量感，但柔性不足。

1.3.6　徒手表现

　　徒手适合表现小面积画面或者建筑与配景的细节，笔触活泼、自然、有动感。如果用笔熟练，徒手仍可以画出较长的笔触，结合短笔触，使画面丰满、层次感强。

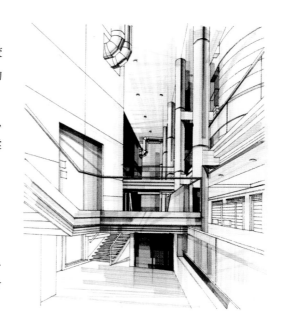

长笔触直尺辅助、短笔触徒手表达案例。

1.4　学习与训练方法

1.4.1　钢笔画稿基础训练

钢笔画稿基础训练注重线条训练、透视训练、构图训练、画面层次训练、细节训练、配景训练、人视图和鸟瞰图综合训练等，可参见相关钢笔手绘书籍，篇幅所限本书不再赘述。

1.4.2　马克笔涂色训练

涂色训练以墨线画稿为基础（钢笔或者铅笔稿），钢笔画稿的绘制要以能够表达清楚建筑的空间关系为好，同时对建筑环境也要有一定交待。

钢笔画稿以线描图为好，对于建筑形体边缘、各个体块的边界、不同材质的界面要表达清楚，但同时不必画过多的钢笔调子，因为明暗面的表现用马克笔表现，而不是用钢笔线；钢笔画稿注意简明线描特点，既不用写实，也不用钢笔排线，舍弃一切钢笔调子，但对于建筑的构造细节马克笔不易表现的，则用钢笔勾画出。

在钢笔画稿上进行马克笔涂色训练，注意区分明暗面，重点突出建筑，环境弱化表达，天空适当衬托。

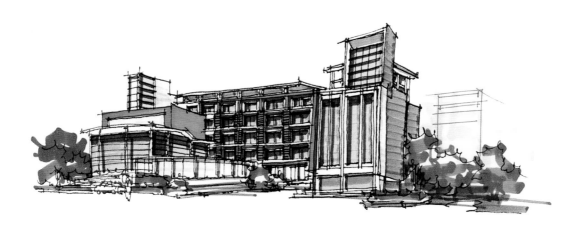

橘红、蓝色、绿色、灰色马克笔涂色训练，要注意边界的控制和多色搭配。
逐步掌握笔触的排列与轻重表达。

河岸桥环境设计表达，重点训练绿树和水面环境涂色，注意色彩选择与层次。

现代小房子快速表现，训练笔触的长与短、宽与窄、线与面的理解与层次体现。

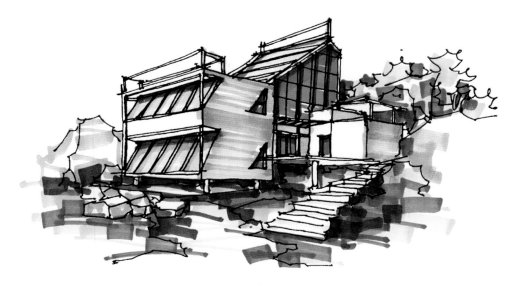

1.4.3 马克笔临摹训练

对于不同表现风格的马克笔绘画，选择自己喜欢的作品，汲取它们的长处，运用到自己的实践中，逐步形成自己的绘画思路与风格。

香港中环建筑群写生，此画面主要关注几个方面：蓝色、灰色、绿色系列表达；幕墙与天空的笔触和层次；树木的笔触和层次。

1.4.4　马克笔实景写生

临摹一段时间后，对马克笔的基本技法有了一定的掌握，就可以训练实景写生，把汲取的技巧方法在写生中运用，在碰到实景中难以处理的画面要素时，再反过来参阅别人的表现技巧，在临摹——写生——再临摹的循环往复中，提高马克笔手绘表达能力。

现代建筑单体马克笔涂色步骤：

步骤1：
临摹绘制好钢笔画稿。

步骤2：
用灰色和浅蓝色找出建筑体块的大致明暗关系，画面定位为冷色调。对建筑实墙、幕墙等部位深入刻画，注意色彩搭配和建筑的光影关系。

步骤3：
环境涂绿色，注意深浅层次和衬托建筑，继续完善建筑细部的表达。蓝色短笔触表达天空，丰富活泼画面。

西递村绣楼马克笔写生步骤：

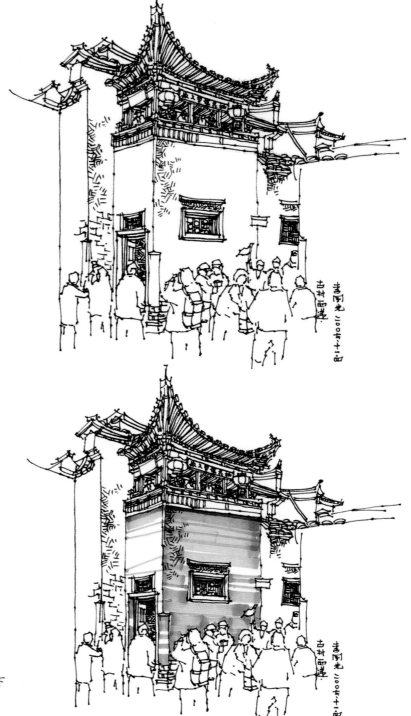

步骤 1：
临摹绘制好钢笔画稿。

步骤 2：
绣楼墙体涂色，注意笔触平行、均匀、下
笔肯定。

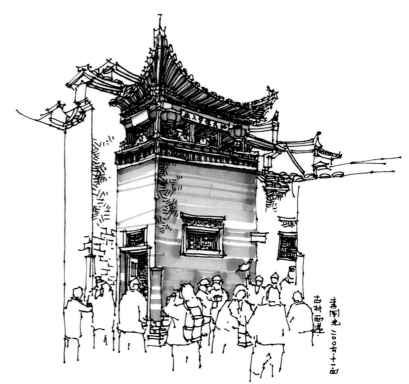

步骤3：
绣楼上部屋檐、梁柱、栏杆、装饰细节的
涂色，注意明暗层次。

步骤4：
绣楼两侧建筑墙面、人物涂色，画面要均衡、
突出重点。

第 2 章

建筑马克笔手绘技法

琉璃厂小巷

2.1 画面美学处理技法

2.1.1 形体的塑造

· 建筑的立体感、空间感的表达。

· 运用素描技法，通过亮面、暗面和阴影的刻画表现建筑的体量与光影感。

· 通过色彩与笔触纹理反映材质。

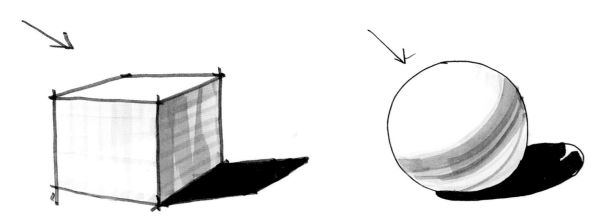

立方体与球形体的明暗表达。

现代建筑的形体感和层次感的表现。

混凝土建筑形体明暗与墙面质感的表现。

建筑的明暗阴影衬托建筑的体积感。

2.1.2　概括原则

·表现建筑的形体明暗与色彩关系力求简洁、概括。

·笔触表达少而精，色彩体现单纯、明快、透明感。

·环境的色彩表现以衬托建筑物为准则，笔墨不必过多，可以留白。

以笔触的色调表达环境轮廓或是衬托建筑。

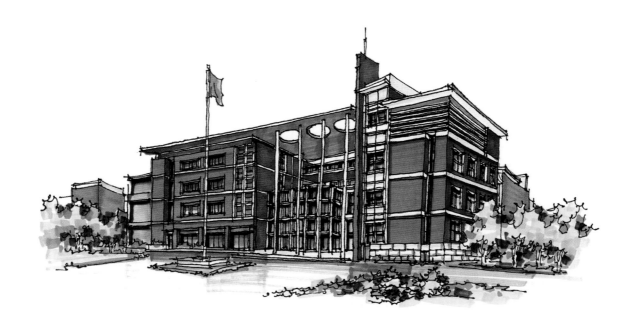

色彩概括表达训练：红色墙体，蓝色玻璃，绿色环境，灰色地面。

色彩概括表达训练：灰色墙体和地面，蓝色玻璃，绿色环境。

2.1.3　色系与搭配

· 同色系的搭配：明暗对比；灰度变化；明暗退晕等。

· 不同色系搭配：相近色的过渡变化；互补色产生对比；冷色暖色对比等。

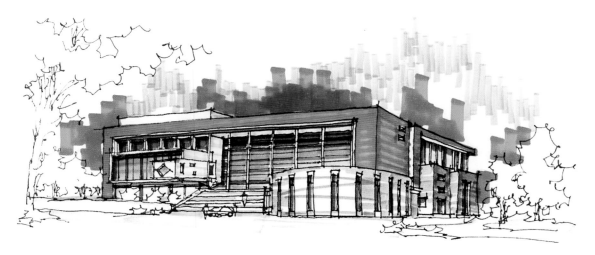

建筑的墙面与天空形成对比色，互相映衬，加强表现力。

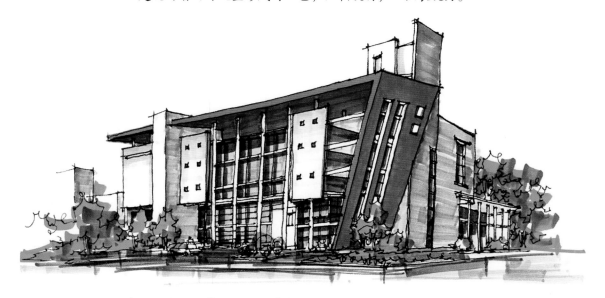

建筑的墙体、幕墙和环境等色彩互相对比衬托，使画面明快。

黄色和灰色墙体与绿色环境和蓝色天空映衬对比。

2.1.4   画面层次与变化

·画面层次与变化主要是通过分析光影变化对建筑明暗面及阴影刻画、色彩表现来体现建筑的空间层次。

建筑白墙与蓝灰玻璃对比，天空衬托建筑，用光影体现画面层次。

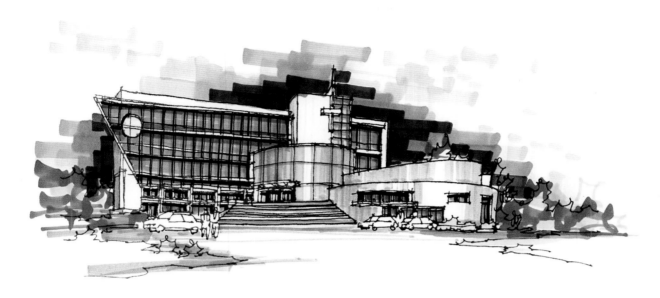

整体以蓝绿色调为主，建筑边缘部位天空加深，强调画面层次。

2.1.5　对比手法

·对比手法主要体现在明暗对比、色彩对比和质感对比等几个方面。

通过色彩对比和明暗对比体现建筑的形体。

通过灰白对比和线的轮廓表现建筑物。

建筑物立面红色、蓝色和白色对比，刻画阴影表现层次，环境的色彩对比衬托建筑的体积感。

2.1.6　性格与风格

不同的人有不同的绘画方法，比如运笔方法、笔触排布特点、习惯用的色调和不同画面
处理技巧，甚至绘制速度等，都会产生不同的画面性格与风格。

画面色彩互相衬托对比，形成明快鲜亮的特点。

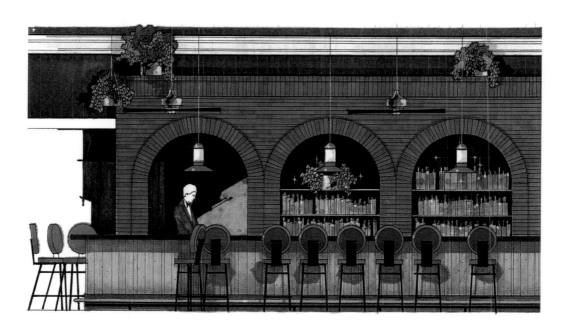

国外马克笔建筑表现，笔触表达细腻，边界控制明确，阴影层次表达充分，形成严谨、细致的画面风格。

流水别墅两种不同的马克笔表达风格。前者概括、快速，明暗层次感强；后者用笔推敲细致，色彩变化丰富，形成清雅、幽静的画面特色。

2.2　画面要素的训练技法

　　画面要素的训练技法重点训练屋顶、墙体、门窗、入口和装饰细节等部位的表达方法，各个部分应协调搭配，主次分明，突出重点，个别部位甚至可以不涂色。下面重点介绍建筑周围配景及建筑不同材质的表现技法。

2.2.1　树木景观训练技法

　　树木景观分为背景树木（远景），低矮灌木（中景），单株高大树木（近景）等。树木景观训练侧重对树的外部形状训练，树干、树枝和树叶（碎片树叶或者概括树叶）形态掌握。远景树木勾勒形状后可采用平涂方法；中景树木可用三种不同明暗层次的绿色表达光影感和立体感，高光留白，注意树冠要通透、疏密结合；近景树木常放在画面的边部或一角，笔触表达要结合树枝的结构和方向，适当细致表现一簇树枝和概括的树叶来调整画面的氛围、均衡画面的构图。

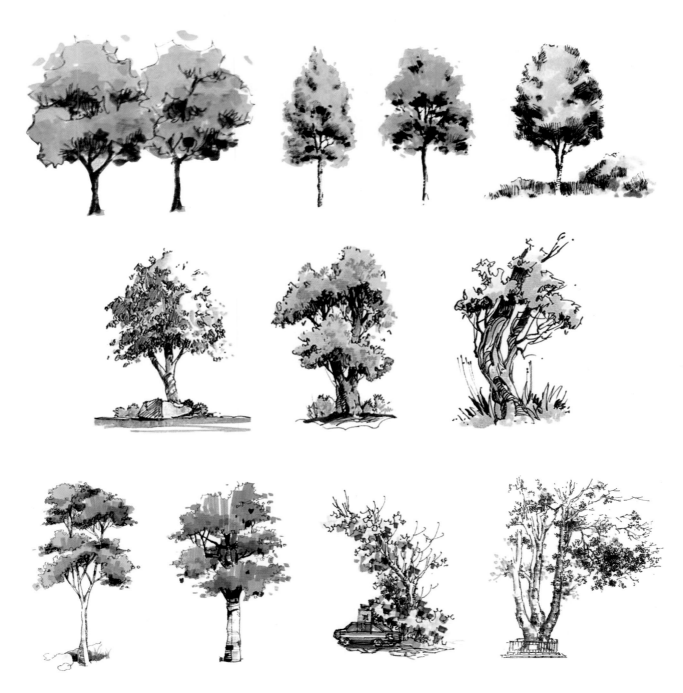

单株高大树木、低矮灌木和背景成片树木等不同形状树木的马克笔表现。

单株高大树木、低矮灌木和背景成片树木等不同形状树木的马克笔表现。

树木群落的马克笔表现，突出近景树干，远景树木概括。

2.2.2　人物训练技法

画面中的人物具有衬托空间，活跃画面氛围的作用；人物外形画得一般比较瘦高，形体简洁，动作姿态多样。

人物较少或者在画面中占的面积小时，人物涂色可用鲜艳的色彩活跃画面，人物多时用色要淡或者不涂色；人物涂色可以平涂，也可以稍加阴影、暗面加深增强立体感，颜色种类不宜过多，避免花哨。

从整体上而言，明暗、形体大小的份量不能喧宾夺主，要配合建筑的表现，画面够丰富时可以不画人物。

不同职业、不同动作姿态和不同简化方式的人物马克笔表现及地面上的人群概括表现。

不同职业、不同动作姿态和不同简化方式的人物马克笔表现及地面上的人群概括表现。

2.2.3　车辆训练技法

　　汽车的表达能够引导画面的视觉中心，衬托出建筑物前面的广场或者道路空间。

　　对不同汽车的大小比例、汽车透视方向和各种车型的结构形态分析了解，重点记住1-2种作为常用素材，汽车透视方向与建筑、地面道路的方向应协调一致。

　　汽车的色彩淡雅或浓烈要根据画面建筑的色彩对比需要来选择，与地面环境应协调。

不同尺度和不同方向角度的汽车马克笔表现。

2.2.4　地面训练技法

地面作为建筑物的"底托"，对于画面构图有重要作用，能使建筑物产生稳定感并衬托出建筑空间感。地面透视线条要与建筑物透视结合起来，使之浑然一体衬托出建筑物的气势。地面上色一般为深色，偏暖或者偏冷要根据建筑物色彩的对比需求来定，一般在建筑物与地面交接线上用深色马克笔涂色压边。地面深色也需要几个层次，不可一种色涂满，笔触之间应留出不均匀的"飞白"。地面用笔要快速、多用长笔调，颜色重叠要均匀，忌讳短笔触杂乱重叠。马克笔笔触刻画地面强调光影感（镜面反光效果），以及与建筑物立面的明暗对应。

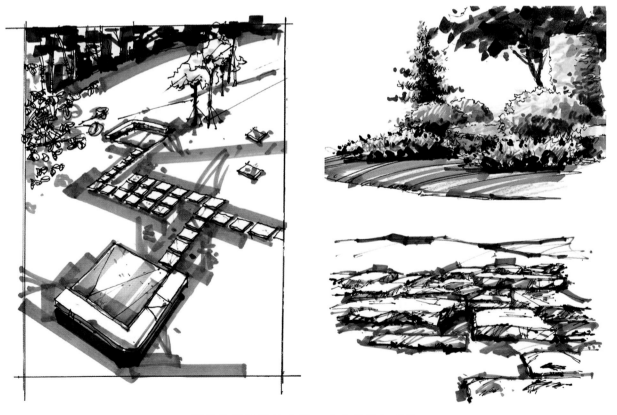

草地地面的设计表现，突出绿草与石块。

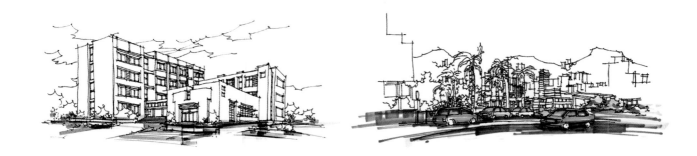

地面的灰色表现，
笔触挺直、快速；
深色地面作为建筑
的"托盘"；灰色
地面利用彩色汽车
来活跃画面。

灰色地面、绿色树
木和暖灰色天空的
综合表现。

2.2.5　水面训练技法

　　水面属于地面的一部分，属于"软质、透明、反光的地面"，在画面中的作用与硬质地面类似。笔触要求除了一般地面的要求外，重点在突出表现水面的色彩和反光透明特性上。

　　水面明暗的表达除了横向的水纹笔触，在竖向上要对应建筑物的明暗，用笔触反映出水面倒影效果。

　　水面的笔触表达方法多样，靠近建筑物处可用长笔调，远处可以用短笔触折线或局部重叠，留白处既有"白线"，也有白色小碎面，画面丰富具有弹性。

湖泊水面与岸边绿景、远处山体的表达以及河流的水面表现。

水池与人工水景的简洁表达。

水面的概括表现，
注意运笔的方向、
长短和深浅组合，
并结合倒影刻画
明暗。

2.2.6 天空训练技法

天空表达可以采取写实手法或写意方法。以概括的形式寥寥几笔表示天空，或以满铺、平涂的方法描绘天空；也可以省略天空涂色，特意留出纸的底色。

天空的涂色要结合对建筑物的衬托，在建筑物周边局部着色。建筑物亮时，天空涂暗色；建筑物颜色深时，天空用浅色。

天空的色彩表达常用蓝色系列，有时为了对比或者协调画面的整体色调，把天空的色彩涂成灰色、各种暖色调或是黑色。

用表达天空的色彩笔触衬托建筑，形成对比，点亮画面。

竖向蓝色笔触表现天空。

深咖啡色表现天空，笔触方向不统一、稍有变化。

竖向深浅不一的蓝色短笔触表达天空，使天空具有层次感并衬托建筑。

2.2.7　建筑细部与材质训练技法

　　传统建筑手绘表现主要内容在于对细节的概括体现，刻画充分才能表达出建筑神韵。比如建筑的屋顶、墙面、地面等部位细节要仔细研究，分类掌握表达特点。屋顶要对屋脊、瓦面、屋檐重点深化，局部概括省略；墙面对砖缝深化，砖的色彩轻重可做出变化，墙面门窗分格要足够细致，反映真实特点；地面石板路面拼缝特点要体现出来。

　　现代建筑除了表现体块、构架之外，对表皮材质要有所体现。重点掌握玻璃幕墙表现特点：幕墙分格形式、玻璃色彩变化、深浅变化、反光、阴影等。

　　无论是传统建筑还是现代建筑，建筑细部和材质的表现主要从以下几个方面入手：各个块面材料颜色平涂；表面深浅变化，局部适当留白；色彩变化融合；反光飞白效果；建筑幕墙光影折射深浅变化效果；所有构件阴影投影加深。

红砖、瓦屋顶表现；青砖、小青瓦顶表现。

红砖、瓦屋顶表现；青砖、小青瓦顶表现。

老建筑门窗格扇表现；玻璃与幕墙表现；石块、石板地面表现。

老建筑门窗格扇表现；玻璃与幕墙表现；石块、石板地面表现。

第 3 章

建筑马克笔手绘训练

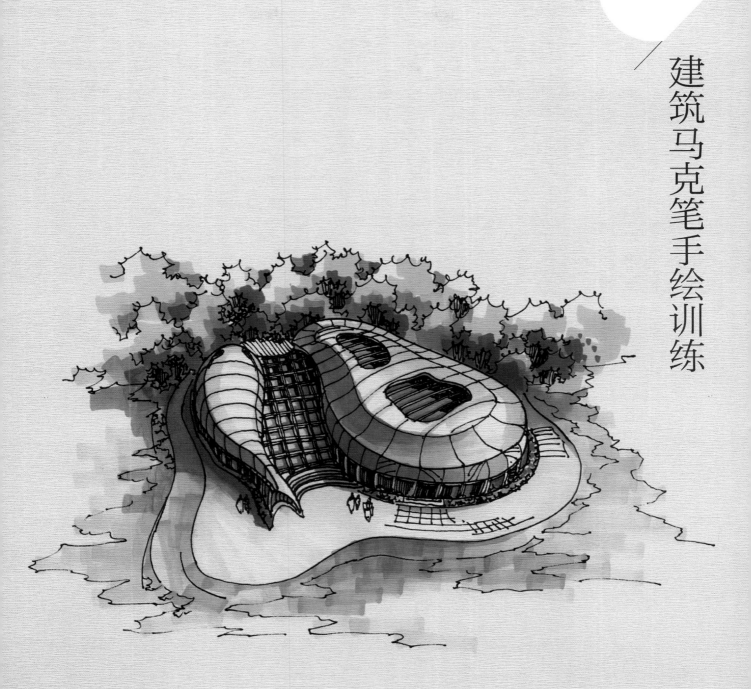

海洋生物馆

　　建筑马克笔手绘训练要点，从总体来讲，首先要对钢笔稿手绘训练达到一个成熟的标准要求：建筑体块完整明确，各个立面机理有充分的内容，立面层次、洞口、幕墙门窗框、入口构架、线脚、檐口屋顶等信息要交代清楚，但不能繁杂，环境树木、人物车辆等简略补充一下即可，钢笔稿以线描为主，不必用素描手法上的明暗调子，不必用排列线条表达暗面阴影，为马克笔涂色留有足够空间。

　　其次在马克笔涂色过程中要始终把控住明暗层次、颜色搭配、配景衬托等几大要点，整个画面的深、中、浅几个色调要心中有数，绘画过程可以从浅色到深色，也可以从深色到浅色；颜色搭配可以是互补色进行对比，也可以同色系衬托，甚至可以用单色深浅表达；配景可多可少，根据训练水平可以从环境树木、地面、天空、人物车辆中选择表现，不必全部画出，始终把建筑形体与细节的表达作为最重要内容。

3.1　简易表达步骤案例

　　简易表达可以理解为对建筑效果的基本表现，包括对建筑体块的明暗及色彩表现、建筑立面细节的深化、建筑重点空间的强调，对于周围的环境主要把绿色树木、草地概括出来，能对建筑物形成衬托即可，地面简略表现，天空可不表达。

案例 1　工业研发楼

训练要点

学习重点：墙面涂色要均匀；环境涂色强调笔触感和深浅层次。

画面色调：建筑红色系、蓝色系、灰色系，环境树木绿色系，地面灰色系。

钢笔稿：两点透视人视图，先画出几大体块，构图时注意左右和横向竖向的体块平衡。然后刻画立面分格、完善建筑与地面交接部位、屋顶构架、钟塔。最后完善建筑周围环境，完善建筑前面雕塑空间来丰富画面，玻璃墙深化衬托层次。

步骤 1：墙面初步涂色，用色彩区别出几大体块，红、灰表达实墙，蓝色表现玻璃，每个体块平涂。

步骤 2：按照光线从右向左照射角度分析明暗面，建筑体块加深，同种色系用深浅表达
　　　出明暗面，以投影加深的方式表现建筑空间感、立体感。

步骤 3：周围环境涂色，以绿色系来表达环境，注意浅绿、中绿、深绿几个层次，地面
　　　用灰色表达，同时注意深浅层次和笔触效果，不可全涂，局部留白。

案例 2　村镇商业街

训练要点

学习重点：建筑本身的明暗层次要分明，环境重点部位加深，衬托建筑。

画面色调：建筑蓝色系、灰色系，环境树木绿色系。

钢笔稿：民俗类商业建筑设计成坡屋顶，表现地域特色与文化特征，首先画出轮廓，注意屋顶的高低错落表达。第二步小店铺建筑每间的分割成为刻画的重点，从屋顶到立面，富有节奏感。最后画出门窗细节，注意文化符号与图案的运用，强调画面层次，环境衬托。

步骤 1：建筑初步涂色，建筑涂灰色调表达古镇的氛围，玻璃也涂成蓝灰色。

步骤2：直接用深蓝色刻画屋顶纹理，画面按照层次上色，光线从右上方向左下方照射，
　　　　深化洞口玻璃的阴影部位，再画出建筑各个体块的暗面，强调明暗层次对比。

步骤3：环境整体涂色，主要是树木涂绿色系，用中绿和深绿色表达。继续刻画门窗玻
　　　　璃阴影，用深蓝色或蓝灰色涂每块玻璃的右上边缘，建筑层次感得到加强。

案例 3 小型办公楼

训练要点

学习重点：按照素描光影规律处理明暗色调，同色相用浅、中、深不同笔触叠加。

画面色调：建筑灰色系、蓝色系，环境绿色系，地面灰色系。

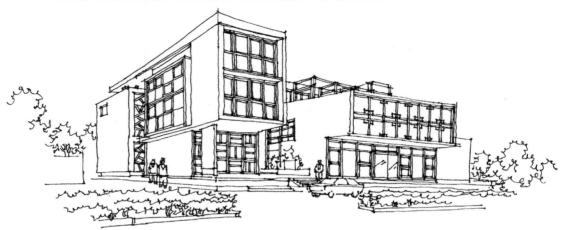

钢笔稿：本建筑以简洁的方形体块组合而成，线条的挺直与透视最为重要。先画出轮廓，再
深化虚实墙体组合对比，玻璃幕墙的分格也是本建筑所重点体现的，然后完善屋顶
构架。最后玻璃窗框的深入刻画，注意不同窗框形式的文化含义，补充环境绿化、
人物、汽车来丰富画面。

步骤 1：建筑体块初步涂色，青绿色玻璃涂色，清水混凝土涂色，注意笔触的排布，顺
着透视方向。

步骤2：建筑色彩整体深化，按照光线从右侧向左侧照射分析，玻璃颜色加深，适当加入蓝色，并深化阴影；灰色墙体加深，区别明暗面，同时注意笔触的均匀秩序性。

步骤3：整体环境涂色：环境涂绿色系，地面灰色，人车可不加色，整合画面层次空间。

案例 4　景区茶室

训练要点

学习重点：墙面"线"阴影、环境"面"阴影的处理。

画面色调：建筑物红色、灰色、蓝色系，植物绿色系，地面灰色。

钢笔稿：因建筑周围植被丰富，建筑与环境同步画，植物可以遮挡建筑，显得自然。建筑体量不大，细节看得清楚，下笔要谨慎。细化各个立面，注意线条表达材质技巧，刻画屋顶和立面分格时要注意体现文化特点，环境植物可表达得简洁概括些。

步骤1：各个部位分别涂色，建筑主边框留白，分格框涂橘红色，玻璃蓝色，文化墙灰色，
植物浅绿色。

步骤2：画面层次深化，玻璃加深，勾画阴影；红色边框加深暗面，白色边框涂浅灰色
表达质感；地面涂几笔灰色，树木在浅绿色基础上叠加中绿、深绿表达层次感。

案例 5　民俗教堂

训练要点

学习重点：涂色均匀可以不显笔触，也可以顺着透视方向涂色。

画面色调：建筑红色系、蓝色系，环境绿色系，地面灰色。

钢笔稿：教堂作为文化类建筑中比较典型的一类，其造型设计尤为重要。在入口、屋顶、标志性钟塔等部位要细心推敲。从起草开始整体外形就独具特点，细化幕墙的构造，实墙画出分格装饰横线，画清楚窗洞口。最后画出环境绿化，幕墙骨架画双线，使玻璃墙面与实墙面有深浅层次的区别。

步骤 1：先对实墙面上色，用红色系，暗面用深红色，亮面用砖红色，平涂时注意笔触。

步骤 2：玻璃幕墙涂蓝色，檐口用青灰色，一遍不够反复叠加，注意明暗的变化，檐口下的阴影涂深蓝色加灰色，增强立体感。

步骤 3：绿化环境涂色，绿色系为主，浅绿、中绿、深绿陆续涂色，区分几个层次，地面用灰色调，最后调整整个画面的明暗层次。

案例 6　艺术博物馆

训练要点

学习重点：天空蓝色笔触方向多变有序，深浅明确衬托建筑；绿树作为远景色，灰色地面深
　　　　　浅变化。

画面色调：建筑物灰色系、蓝色系，树木绿色系，地面灰色，天空蓝色系。

钢笔稿：本建筑的造型特殊，曲线较多，绘画时注意曲面的透视，首先画出三大部分的轮
　　　　廓，选取的透视角度不要太正。建筑主要分两大层次，里面的幕墙构造细化分格。
　　　　最后建筑的外层膜结构勾画纹理，玻璃幕墙框架加双线，地面环境完善。

步骤 1：初步涂色，玻璃幕墙涂上蓝色，膜结构涂浅灰色。

步骤 2：建筑色彩深化，外层膜结构用浅灰色叠加褪晕，暗面加深。内部幕墙涂上多种
　　　　颜色来丰富内部的光影，但不可太鲜艳，面积不能太大，避免画面花哨。

步骤 3：环境树木涂绿色系，地面涂灰色，用蓝色色块描绘天空，注意排笔不能太整齐，
　　　　颜色叠加要有变化，最深地方在建筑边缘来衬托建筑形体，增强建筑物的体积
　　　　感和空间感。

案例 7　文化展览馆

训练要点

学习重点：各种颜色以光影明暗关系来确定深浅。

画面色调：建筑物红色系、蓝色系、灰色系，树木绿色系，地面灰色。

钢笔稿：选择体形较高的部分作为近视点，这样建筑形体显得挺拔，透视效果较好。线条勾
　　　　勒建筑轮廓，分割好左侧大厅与右侧四个博览大厅的体量。细化立面的玻璃墙体分
　　　　格，对各个展厅上部的采光顶深化完善。画出地面铺装纹理、建筑前广场绿化与周
　　　　围绿化景观衬托建筑。

步骤 1：实体墙涂色，色彩设计也体现出传统文化特征，色彩采用传统红色。屋顶采用白色，
　　　　暗面涂上灰色。

步骤 2：深化建筑层次，玻璃采用蓝色系，并刻画阴影，红色实墙面刻画深色横线条，强调墙体的细致性。这样红、蓝、白色简洁明快地统一在一个建筑中。

步骤 3：整体环境涂色，画出地面灰色，环境绿色系，继续深化建筑的体量感和层次感。

案例 8　滨海度假酒店

训练要点

学习重点：刻画玻璃阴影，水面、天空笔触与层次。

画面色调：建筑青色系、灰色系，海水湖蓝色，天空天蓝色，树木绿色系，沙滩灰色。

钢笔稿：

这是一组造型轻快的建筑，主要深化一个建筑，旁边小建筑略加衬托即可。薄膜结构的屋顶像充气的面包鼓起，中间的桅杆通过绳索拉住屋顶，要特别注意弧线的透视。刻画立面门窗与玻璃分格，丰富桅杆与屋顶造型。大海边画出环境与人，整体显示出海洋文化的特色。

步骤 1：

画面初步上色，门窗玻璃上青绿色，屋顶亮面白色，灰色表示屋顶的暗面。

步骤 2：
继续深化屋顶与墙面，用深蓝色勾画出玻璃幕墙骨架的阴影。

步骤 3：
环境整体涂色，绿树上色，湖蓝色描写大海，天蓝色绘出天空，叠加出深浅层次，天空衬托屋顶，海水衬托海滩，形成明快活波的画面。

案例 9　高级中学

训练要点

学习重点：鸟瞰图中环境色和地面色对建筑的衬托作用。

画面色调：建筑红色系、蓝色系、灰色系，地面灰色系，环境绿色系。

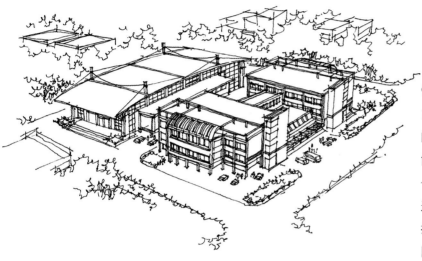

钢笔稿：

由于建筑体量较大，为整体反映教学楼的空间关系，采用鸟瞰图方式，首先画出几大功能体块，注意他们之间的衔接。然后细化各个立面的柱子、门窗、幕墙分格等，严格说这是三点透视，但竖向只画垂直的线即可，按两点透视对待。最后画出周围的地块、路网、绿化环境、背景建筑体块，注意好透视关系，再对教学楼细化完善。

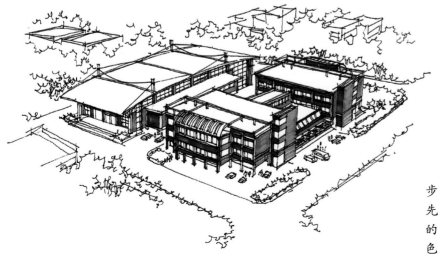

步骤1：

先对实墙面涂色，墙面涂上具有传统味道的橘红色，暗面用深红，若色彩太艳用灰色叠加。

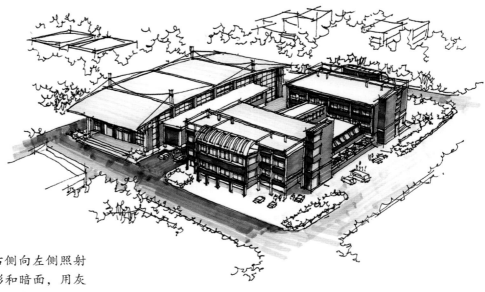

步骤 2：
玻璃涂蓝色，按照光线从右侧向左侧照射的投影规则，深化玻璃阴影和暗面，用灰色和灰蓝色勾画地面道路，要有层次不可平涂，屋顶也可上一点淡色，注意笔触的痕迹要与透视方向一致。

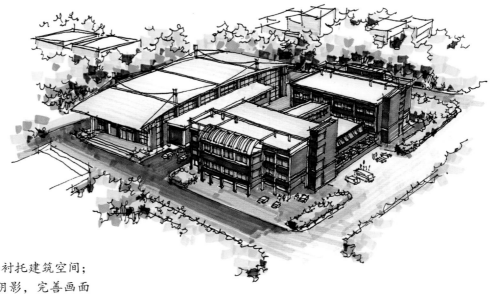

步骤 3：
周围环境上色，用绿色系，衬托建筑空间；玻璃继续深化上色，勾画阴影，完善画面层次。

案例 10　山地游客中心

训练要点

学习重点：古建筑灰瓦用线表达，通过颜色轻重、明暗有序，体现层次感。

画面色调：建筑蓝色系、灰色系、棕色系，树木绿色系，石头灰色，水面蓝色系。

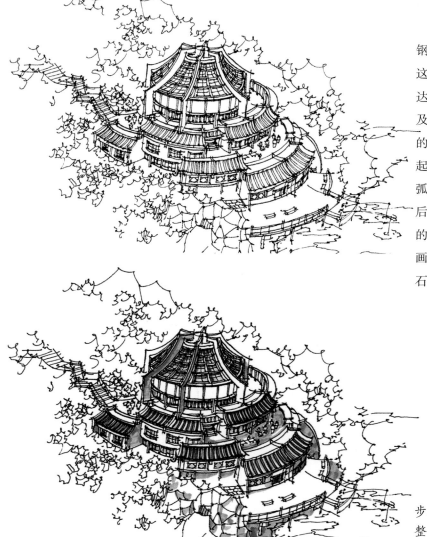

钢笔稿：

这是一个山地建筑设计，一般用鸟瞰图表达，这样可以更完整地表现出建筑的形体以及与环境地形的结合关系。本图是个向心式的建筑组团，先从最高处的圆形大厅开始画起，逐步画出一圈圈周围建筑，注意建筑的弧形要平行于中心建筑，还有高低差别。然后画出大厅屋顶的幕墙分格和周围建筑屋顶的瓦楞线，墙面挖窗。最后深度刻画，注意画面层次对比，周围环境完善。平台水面、石头绿化衬托建筑。

步骤 1：

整体初步涂色，屋顶涂灰蓝色，幕墙顶玻璃涂蓝色，石头涂灰色。

步骤 2：
色彩继续深化，对建筑暗面、阴影涂色，屋顶瓦楞、玻璃框阴影深化，周围绿化上色衬托建筑，窗框和其他木构涂土红色，画面整体为传统色调。

步骤 3：
光线从左上方向右下方照射，加深灰色暗墙面，画出环境绿化层次，平台和地面涂灰色、水面涂蓝色系、石头灰色逐一上色，区分层次。

3.2 深入表达步骤案例

在简易表现训练的基础上，对马克笔表达进行规律性的总结。笔触长短、宽窄熟练掌握，用力均匀、下笔肯定、笔道挺拔同样重要；建筑体块的明暗、立体感要首先考虑，其次细节深化过程中阴影要时刻跟随；建筑用色既要变化对比，又不能画面脏乱，也可以用单色系表现一种幽静和独特的气质；环境配色中，绿色系在体现前景大树、背景树丛中要注重明暗层次，注重对建筑的衬托；地面灰色调笔触要干脆、明快、注重深浅变化，笔触要注意透视方向，可适当用飞白表现反光倒影；天空色彩衬托建筑，表现画面的空间美感，天空笔触可以顺应透视，可以竖直，也可以用多方向笔触活跃画面，但天空笔触要有深浅层次；人物、汽车等配景可以单色，也可以不涂色。

案例 1 数字图书馆

训练要点

学习重点：树木用黄绿、绿、墨绿表现层次感；地面横向笔触，局部有倒影感；天空局部表现，在建筑几个角部进行衬托，暖灰加蓝色用色。

画面色调：建筑蓝色系、灰色系，地面灰色系，树木绿色系，天空灰色和蓝色。

钢笔稿：一点透视建筑效果，钢笔表达步骤为：先勾画建筑大体块，左右中三个体块交接清楚，符合透视规律；然后深化各个体块立面，左侧体块开竖条窗，右侧体块做横条窗，中间体块做玻璃幕墙，分别深化窗框分格；最后补充环境树木，地面肌理，衬托建筑物，体现空间感。

步骤1：先对玻璃部分涂色，用蓝色系，平涂笔触，适当留白表达光影变化。

步骤2：建筑实体墙面涂色，亮面留白，按照光线从左上方向右下方投影规则，暗面分别涂浅灰、深灰。玻璃加深，每块玻璃上部、左侧用深蓝沟边，表达阴影。主入口雨棚下面最深，体现空间感。

步骤3：整体环境涂色，树木涂绿色系，浅绿、中绿、墨绿分别涂色，按照素描阴影关系组织画面，着重表现树的形态和层次。地面用横向笔触涂灰色，注意深浅变化，天空局部涂灰色，最后用蓝色压几笔，油性马克笔会出现融合效果。

案例 2　现代高级会所

训练要点

学习重点：灰色短笔触刻画天空，深浅变化衬托建筑；横向灰色笔触表现地面，留飞白
　　　　　效果。

画面色调：建筑物灰色系、蓝色系、黄色系，地面天空和周围环境用灰色系，树木墨绿色。

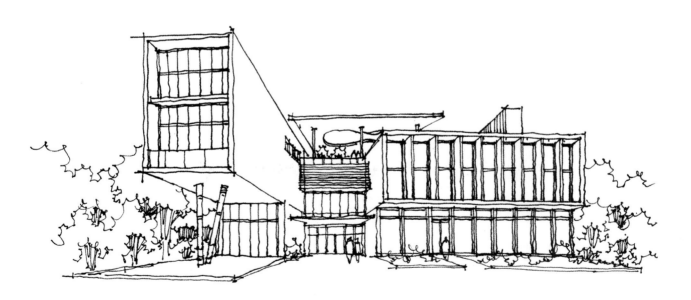

钢笔稿：现代建筑体块的几何构成感强，运用一点透视方式表现出来，立面开窗的均质、韵
　　　　律感，还有屋顶平台花园都是钢笔手绘的重点，挑空部分的一层钢柱增加了建筑的
　　　　力量感。

步骤1：先对玻璃部分涂色，用蓝色系，第一遍浅蓝色平涂，适当留白表达光影变化。
　　　　按照光线从右上方向左下方投影规则，建筑墙面用灰色笔触进行明暗区分。

步骤2：建筑整体颜色层次加深，玻璃涂蓝色、深蓝色、灰色逐步体现出光影变化，在
　　　　建筑内侧墙面、遮阳板、雨棚等部位涂黄色，增加建筑的活力，用灰色对建筑
　　　　体块的明暗关系进一步加强。

步骤 3：整体环境涂色，以灰色调为主，除了树木暗部用了一些墨绿笔调，其他地面、
　　　　树木和天空全部用浅灰、中灰和深灰来深化，地面用横向长笔触，其他部位短
　　　　笔触，方向多样，衬托建筑物层次，有水粉画效果。

案例3　售楼处

训练要点

学习重点：建筑红色和玻璃浅蓝色对比。天空涂色要有变化、有重点。

画面色调：建筑物红色系和蓝色系，树木绿色系，地面灰色系，天空灰色和蓝色。

钢笔稿：一点透视手绘，重点是把建筑主立面深化完整，再用一点透视规则把看到的纵向边
　　　　线向中心点消失即可。重点表达出门窗洞口凹进建筑墙面的厚度，还有玻璃的边框
　　　　分格，百叶装饰等，周围环境根据建筑场地院落状况适应性布局。

步骤 1：先涂建筑实体墙面颜色，用红色系，区分明暗面，暗面用深红表达。

步骤 2：玻璃幕墙涂蓝色系，先平涂一遍浅蓝色，再用蓝灰色涂阴影和暗部。窗户主框
　　　　和百叶涂黄色，地面局部涂灰色衬托建筑。

步骤3：地面继续深化，用灰色粗细横向笔触做出变化，局部再叠加浅黄色，周围树木
　　　花池用绿色系涂色，浅绿、中绿、墨绿分别涂色，按照素描阴影关系组织画面，
　　　着重表现树的形态和层次。天空用灰色、蓝色笔触做融合式处理。

案例 4　演艺大厅

训练要点

学习重点：地面、树木和天空衬托建筑浅色墙面。

画面色调：建筑物灰色系、蓝色系、橘红色系，树木绿色系，地面灰色系，天空灰色和
蓝色。

钢笔稿：现代大空间建筑立面为幕墙外套方框，方框下钢柱柱廊，轻盈而又充满韵律感，运
用一点透视手绘方式，着重对透视形体和立面肌理做细致处理，左侧钢笔线条加密
适当表现明暗特征。

步骤1：建筑立面幕墙涂色，用浅蓝色先涂一遍，按照光线从左上方向右下方投影规则，对体块在玻璃上的投影区域再深化一遍蓝色。方框暗面涂灰色。

步骤2：加深建筑物层次，用中蓝色涂玻璃的上部并形成融合效果，最后用细笔触深蓝色或者蓝灰色勾画玻璃边缘阴影部位。对实墙暗面继续用深灰色加深，可以平涂也可有笔触，颜色均匀。左上侧两个建筑体块实墙涂橘红色，暗面加深。

步骤 3：周围环境整体涂色，地面继续深化，用灰色粗细横向笔触做出变化，周围树木
草地用绿色系涂色，浅绿、中绿、墨绿分别涂色，按照素描阴影关系组织画面，
着重表现树的形态和层次。天空用灰色、浅蓝色笔触做融合式处理。

案例 5   出版大厦

训练要点

学习重点：天空竖向笔触，地面横向笔触，深浅变化要有序。

画面色调：建筑物灰色系、蓝色系、橘黄色，地面天空灰色系，草地树木绿色系。

钢笔稿：运用一点透视规律画出复杂多体块组合的建筑，首先还是把各个体块的透视关系画
　　　　准确，体块之间交接清楚，再对每个体块进行深化，开洞口画窗户，对每个玻璃窗
　　　　细化分格，补充墙体细节。最后把草地、绿化树木逐一深化。

步骤 1：玻璃涂色，蓝色笔触平涂，留出飞白；白色墙体暗面涂灰色，反映大体明暗关系。

步骤 2：建筑整体色彩深化，玻璃涂蓝色、深蓝色，暗部阴影用蓝灰色、深灰色。建筑
　　　　墙面亮部用浅灰略做表达，暗面灰色加深，部分阳台内墙和百叶涂橘黄色，增
　　　　加建筑的生动性。

步骤3：环境涂色，周围树木用绿色系涂色，从亮面到暗面分别涂黄绿、中绿、深绿，
　　　　色彩既要表现出树形轮廓，又要体现树冠枝杈的明暗层次，反复临摹研究提高
　　　　熟练度。地面灰色长笔触，与建筑立面暗部对应的地面位置应局部加深，建筑
　　　　与地面交接部位加深；天空用灰色竖向笔触表达，先涂浅灰色，再局部叠加深
　　　　灰衬托建筑形体。

案例 6　综合教学楼

训练要点

学习重点：草地黄绿色笔触概括；天空用土黄浅色叠加咖啡色加深，注意笔触的节奏
　　　　　控制。

画面色调：建筑灰色系、蓝色系，树木草地绿色系，地面灰色，天空浅黄色和暖灰色。

钢笔稿：构图采用一点透视原理，横线水平，竖线竖直，纵深方向的线向中心点消失。画面
　　　　首先把几个建筑体块和大台阶定位，完善体块和交接关系，再深化立面门窗细节，
　　　　重点把中心部位周围强调，画出钟塔。最后画环境衬托画面。

步骤 1：先给窗户和玻璃幕墙涂色，平涂浅蓝色，再按照光线从左侧照射方向绘制阴影；
　　　　局部加上一些灰色取得变化，每块玻璃左上边缘用细笔深蓝色勾画阴影，下笔
　　　　准确肯定。

步骤 2：按照光影关系建筑实墙面涂色，中间体块涂黄色，用中黄、橘黄区分明暗面；
　　　　其他体块涂灰色，亮面留白，中间用浅灰，暗面用深灰，笔触要控制好边界。
　　　　地面先找出大体明暗，建筑根部涂灰色。

步骤3：环境涂色，草地、树木用绿色系，浅绿、中绿、墨绿分别涂色，明暗层次有序；
　　　　天空先涂黄色，再用暖灰色加深取得变化，横向短笔触，错动叠加。

案例 7 老年活动中心

训练要点

学习重点：地面灰色笔触符合透视感，深浅有变化，模拟倒影感；绿树丛围合建筑，省略天
空表现。

画面色调：建筑蓝色系、灰色系，地面灰色系，环境绿色系。

钢笔稿：现代建筑体块表达，竖向窗和玻璃竖向分格，表达一种有秩序的竖向肌理，屋顶露
台设计钢柱支撑雨棚，表达一种轻盈的空间层次。树木围绕建筑周围衬托，前景造
型树烘托出院子的空间感。

步骤 1：玻璃涂蓝色系，先对玻璃墙面平涂一层浅蓝色，部分留白表达变化。按照光线从左上方向右下方照射处理投影效果，墙体暗面涂灰色，找出体块明暗关系。

步骤 2：继续深化建筑层次，用中蓝色涂每块玻璃的上部并形成融合效果，最后用细笔触深蓝色或者蓝灰色勾画玻璃边缘最深部位。对实墙暗面继续用深灰色加深，可以平涂也可有笔触，颜色均匀有条理为最佳。

步骤3：环境涂色，地面涂灰色，笔触长短粗细变化，地面深浅需要对应建筑立面的明暗；
　　　　树木用绿色系表达，浅绿、中绿、墨绿分别涂色，按照素描阴影关系组织画面。
　　　　建筑整体被绿色环境围合衬托，不必再深化天空。

案例 8　媒体中心

训练要点

学习重点：地面灰色笔触符合透视感，深浅有变化；树木短笔触，由浅到深叠加；天空暖黄色笔触不多，符合透视感。

画面色调：建筑物灰色系和蓝色系，环境绿色系，地面灰色，天空黄色。

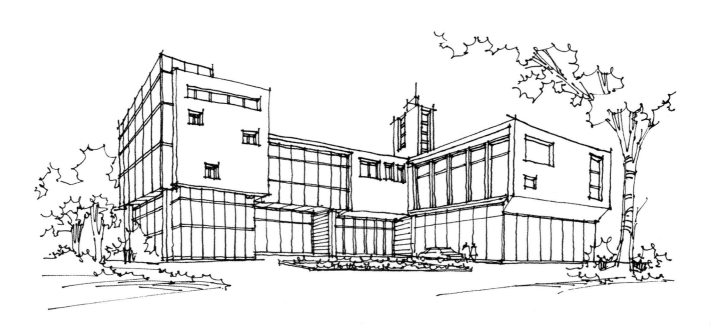

钢笔稿：注重透视感的准确表现，建筑幕墙面积较大，玻璃分格竖线竖直，横线符合透视关系；实墙面开小窗口，远处设置钟塔丰富构图，环境按照背景树和前景树的模式完善。

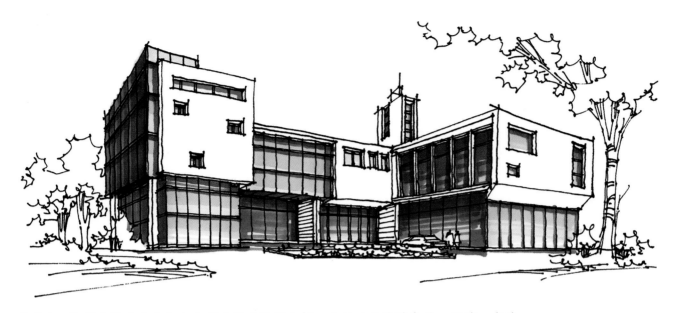

步骤1：按照光线从右上方向左下方照射进行分析，先对玻璃涂蓝色系，浅蓝、中蓝、
　　　　深蓝逐层上色，浅蓝平涂，中蓝只涂上部并向下渗透形成变化效果，深蓝叠加
　　　　暗面和阴影部位。

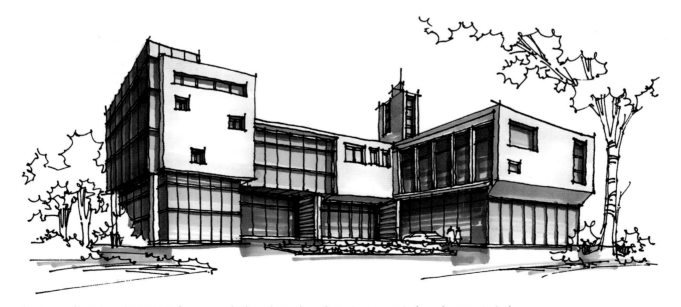

步骤2：建筑实体部分涂灰色，按照光线照射规律，墙体暗面用深灰色，亮面用浅灰色，
　　　　注意适当留白。

步骤 3：环境涂色，地面涂灰色，笔触长短粗细要有变化，地面深浅需要对应建筑立面的明暗；树木用绿色系表达，浅绿、中绿、墨绿分别涂色，按照素描阴影关系组织画面；天空用淡黄色，笔触斜向符合透视美感。

案例 9　社区办公楼

训练要点

学习重点：玻璃可做出退晕感；天空的笔触可以顺着透视，也可以垂直于透视。

画面色调：建筑黄色系、蓝色系，树木绿色系，地面灰色，天空蓝色系。

钢笔稿：二层小建筑的两点透视图，为了取得构图变化，利用楼梯间位置做一个竖向的钟
　　　塔，这是建筑设计表现中常用手法。建筑立面的深化主要通过对窗框、幕墙框、百
　　　叶、入口细节的刻画来达到目标，线条交接要明晰，避免含混不清。最后补充树木
　　　和地面线条对画面构图和空间感效果至关重要。

步骤 1：玻璃部位涂蓝色系，先平涂一遍浅蓝色，按照光线从左上向右下的照射方向分析明暗面，用中蓝色涂每块玻璃的上部并形成融合效果，最后用深蓝或者蓝灰色勾画玻璃边缘最深部位，用细笔触。

步骤 2：墙体用黄色系涂色，亮面用中黄色，暗面用深黄色或者土黄色，深度不够加灰色；钟塔部分和前面小体块外墙用浅黄色，暗面用浅黄叠加灰色。

步骤3：整体环境涂色，树木用绿色系，浅绿、中绿、墨绿分别涂色，按照素描阴影关系组织画面，着重表现树的形态和层次；道路用灰色笔触，快速拉直，注意飞白效果、倒影效果、透视效果。天空用蓝色系，短笔触先浅后深逐层叠加，按照透视方向用笔。

案例 10　小学教学楼

训练要点

学习重点：掌握地面衬托建筑的规律，地面本身的深浅变化；天空点缀建筑的规律，重点位置刻画要有深浅变化。

画面色调：建筑红色系、蓝色系，树木绿色系，地面灰色，天空灰色和蓝色。

钢笔稿：两点透视表达教学楼，先把建筑几个大体块表达清楚，外凸内凹，边界交接清楚，同时想清楚哪些地方是虚玻璃，哪些是实墙体，再进一步深化每部分细节，玻璃面深化边框分格，实墙体继续挖门窗洞口，填补玻璃窗。最后补充环境，树木和人物。

步骤 1：先对玻璃涂色，整体涂浅蓝色，按照光线从右上向左下的照射方向分析明暗面，
　　　　再把玻璃的暗面和建筑在玻璃上的投影涂深蓝色或者蓝灰色。

步骤 2：墙体涂色，选用大红色，先对整体墙面平涂一遍，再按照光影方向把墙体暗面
　　　　和阴影部位涂深红色，层次不够的话可以继续在暗面加深，叠加暗红或者深灰色。

步骤 3：环境整体涂色，周围树木用绿色系涂色，从亮面到暗面分别涂黄绿、中绿和深绿，
　　　　色彩既要表现出树形轮廓，又要体现树冠枝权的明暗层次，反复临摹研究提高
　　　　熟练度。地面用灰色横向笔触涂色，顺应透视方向，在浅色基础上压几笔深线，
　　　　加强空间效果。天空用灰色短笔触，在建筑物上方找几个位置局部衬托，再用
　　　　蓝笔触压几笔做个变化。

案例 11　工业展览中心

训练要点

学习重点：天空笔触多角度训练，要求快速熟练；地面笔触注重深浅变化，留出飞白。

画面色调：建筑灰色系、黄色系，树木绿色系，地面灰色，天空蓝色系。

钢笔稿：按照两点透视关系，先把建筑体块完成，再深化立面细节，首层幕墙边框分格、上
　　　　面的小窗逐步完成，在建筑的顶部增加折板装饰，完善地面和环境，按照自己熟悉
　　　　的手法画近景大树，完成钢笔稿。

步骤 1：先对玻璃涂色，用暖色调，做一个黄色和粉色变化的效果，按照光线从左上角向右下角照射的投影规律，对每块玻璃面阴影部分涂深色。分析外墙的明暗面，暗面涂灰色。

步骤 2：深化建筑色彩和明暗层次，建筑实墙亮面涂浅灰色，并且从上到下深浅有个变化，笔触顺着透视方向，墙体暗面继续加深。玻璃用黄色、灰色继续加深，刻画阴影。地面用灰色笔触先找出大致明暗关系。

步骤3：整体环境涂色，地面继续深化，用笔快速，适当留白，树木环境用绿色系短笔触表现，黄绿、中绿和深绿层次叠加，明暗对比明确。天空用蓝色系，短笔触先浅后深逐层叠加，方向不一乱而有序。

案例 12　环境保护中心

训练要点

学习重点：整体灰色调表现的素雅效果；土黄色丰富画面表情。

画面色调：建筑灰色系和蓝色系，树木、地面和天空都为灰色系加淡黄色。

钢笔稿：建筑由三个体块组成，要考虑体块交接部位边界是否清晰准确，每个体块深化内容大概相似，玻璃幕墙分格和钢柱立面肌理要表达准确。通过立面分格肌理体现现代建筑的特征，分格也是立面层次深化的需求和深化重点。

步骤1：玻璃墙面平涂蓝色，颜色要均匀，用笔要快速、准确，避免出现污迹效果。

步骤2：玻璃加深，按照光线从右上方向左下方照射进行分析光影关系，用深蓝色涂玻璃阴影部位。建筑实墙和顶盖部位用灰色系，同时把暗面和投影位置加深。

步骤 3：树木用灰色系，其中加入淡黄色表达一种温暖感和变化美。地面用灰色，注意
　　　　笔触长短、粗细和透视感的结合。天空用淡黄色，再叠加灰色笔触。画面整体
　　　　安静素雅，在整体灰色调中，融入蓝色玻璃，黄色调的天空和环境色，避免画
　　　　面沉寂死板。

案例 13 研发办公楼

训练要点

学习重点：色彩的呼应：建筑墙面暗黄与环境的黄绿色。

画面色调：建筑蓝色系、棕黄色系，树木绿色系，地面灰色，天空蓝色系。

钢笔稿：建筑在整体上体现为：中间玻璃盒子穿插在实体建筑的中间，并高出一层。实体建
筑立面开窗有方形、竖条形，变化中寻求统一，通过深化幕墙分格、窗口边框的方
式来强调建筑的层次关系。环境前景树适当造型，背景树木概括表达，道路通过边
线体现，注重透视。

步骤 1：先处理幕墙和门窗玻璃色彩，用浅蓝平涂一遍，按照光线从左上向右下的照射方向，对玻璃暗面和阴影涂深灰色，注意窗框阴影用细线，控制好边界。

步骤 2：实体前面涂色，棕黄色系，亮面主要是用土黄色，暗面是土黄叠加棕红色，层次不够可以用灰色叠加。

步骤3：环境涂色，树木用绿色系，浅绿、中绿、墨绿分别涂色，按照素描阴影关系组织画面，
　　　　着重表现树的形态和层次；道路用灰色笔触，快速拉直，注意飞白效果、倒影效果、
　　　　透视效果。天空用蓝色系，短笔触先浅后深逐层叠加，乱而有序。

案例 14　城市俱乐部

训练要点

学习重点：画面整体暖色调，树木涂棕红色，天空涂黄色；灰色建筑体块在暖色调画面中显
　　　　　得清新而沉稳。

画面色调：建筑橘红色系、灰色系和蓝色系，环境树木棕咖色系，地面灰色，天空黄色。

钢笔稿：方盒子体块组成的现代建筑，追求穿插、错动和虚实对比。绘画时实体墙面纯粹干
　　　　净，玻璃幕墙分格、部分内墙装饰作为深化建筑层次的方法，造型前景树和环境树
　　　　木来衬托建筑的空间感。

步骤1：按照光线从右上方向左下方照射进行分析，先对玻璃涂蓝色系，浅蓝、中蓝和深蓝逐层上色，浅蓝平涂，中蓝只涂上部并向下渗透形成变化效果，深蓝叠加暗面和阴影部位。

步骤2：建筑实体涂色。中间部分的二层盒子涂红色调，其余墙体用灰白色调，按照光影方向投影原理，彩色盒子亮面涂橘黄色，阴面涂暗红色，灰白墙体亮面用浅灰色，暗面用深灰色，注意笔触的方向顺着透视方向，油性马克笔色彩融合，笔触不太明显。地面用灰色笔触大概区分一下明暗。

步骤 3：环境整体涂色，周围树木采用棕咖色系，根据素描光影原理，分别用土黄、浅咖、深咖色刻画树木的层次，树木的形体背诵熟练，光影空间理解透彻。地面用浅灰、深灰表现，笔触顺着透视方向，建筑根部、道路边缘加深，同时考虑建筑立面的明暗层次在地面上的光影反射效果。天空用黄色表达，短笔触斜向，有深有浅。

案例 15   建筑艺术中心

训练要点

学习重点：天空笔触分为宽笔触和线笔触；建筑折板各个面要区分明暗，分析表现到位。

画面色调：建筑蓝色系和黄色系，树木草地绿色系，地面天空灰色系。

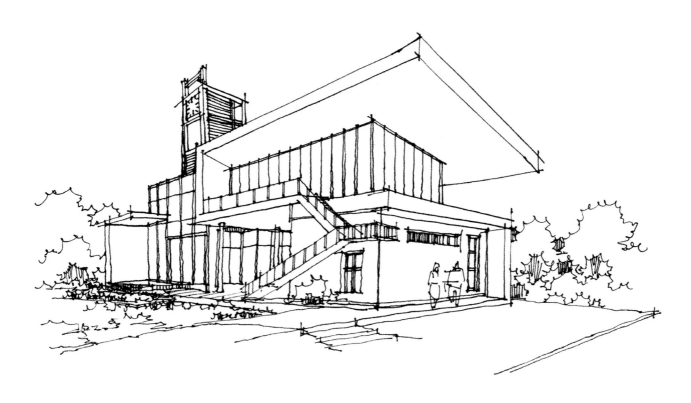

钢笔稿：非常现代的小建筑钢笔稿，透视角度较大。整体表达的创意是：简单的折板穿插一
　　　　个方形玻璃盒子，干净纯粹。实体部分简单开几个门窗，玻璃分格均匀，远处有个
　　　　钟塔平衡画面，背景只是简单衬托。

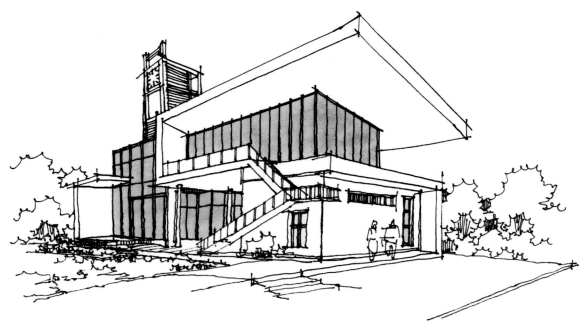

步骤1：蓝灰色玻璃涂色，油性马克笔渗透性强，不显笔触。

步骤2：按照光线从左上方向右下方照射投影规律，对玻璃幕墙深化暗面、阴影，分别涂蓝色、深蓝色；折板和墙面按照光影原理涂色，用灰色涂暗面，边界要控制整齐。

步骤3：整体色彩深化完善，考虑到建筑体量不大，实墙体部分可用彩色表达，与玻璃
对比鲜明。实墙和板用黄色系，亮面和暗面分别涂浅土黄和深黄；周围树木用
绿色系，建筑周边注意用深绿衬托建筑；地面用灰色，草地用黄色，天空适当
点缀几笔灰色取得空间效果。

案例 16　艺术家工作室

训练要点

学习重点：颜色交替对比和明暗对比训练，色相对比训练；建筑墙面颜色留飞白表达光影。

画面色调：建筑黄色系和蓝色系，环境绿色系，地面天空灰色系。

钢笔稿：典型的两点透视钢笔稿，各层建筑体块的错动和首层架空是本建筑的特点，各层建筑立面竖向分缝宽窄不一，上下不对应形成建筑特色。各层建筑突出的底面用短线排布表达层次，环境非常简略。

步骤 1：整体区分明暗，按照光线从右上方向左下方照射的投影规则，用灰色笔做出大概的明暗区分，建筑的立体感有所体现。

步骤 2：建筑色彩深化，建筑的奇数层用蓝色调涂色，偶数层用黄色调涂色，横向笔触适当留出飞白，显露出光影感，每层暗面加深。地面和环境适当涂灰色概括一下明暗。

步骤 3：环境整体涂色，周围背景树用绿色系表达，先涂中绿色，注意留白，亮部涂黄绿色，
　　　　暗部涂墨绿；地面灰色长笔触明暗相间，粗细结合；天空斜向笔触符合透视关系，
　　　　笔调挺直表达出一种动势，先涂浅灰色，局部再用深灰色压几笔。

案例 17 社区活动中心

训练要点

学习重点：整体建筑表达要层次分明，除去灰色调，体现出黄、绿、蓝色的纯粹对比。

画面色调：建筑为白色、黄色、蓝色系，环境绿色系，地面冷灰色，天空暖灰色。

钢笔稿：多角度体块组合建筑，每个体块都是两点透视关系，整体就变成了多点透视。建筑
　　　　线条比较挺直、快速，线条端头有交叉，建筑表达有草图感。建筑的虚实对比体现
　　　　在大块的实墙面与幕墙窗和条形窗的对比，各个体块之间有穿插交错效果。环境树
　　　　木简单，适当衬托建筑。

步骤 1：按照光线从左上角向右下方照射的角度进行分析，先对玻璃涂色，蓝色系，浅蓝、
　　　　中蓝、深蓝逐层上色，浅蓝平涂，中蓝只涂上部并向下渗透形成变化效果。

步骤 2：深蓝刻画幕墙阴影部位，实墙遮挡部位和幕墙框边位置按照光线方向画出阴影；
　　　　实体墙面分别涂灰色和黄色，按照光线投影关系加深暗面；地面用灰色画几笔，
　　　　衬托出建筑的体积感。

步骤3：环境涂色，绿色系表达树木和草地，造型树按照规律分出层次，中绿、墨绿、黄绿逐一上色，短笔触有节奏排布，背景树按照色面区分明暗，先涂浅色再涂深色。地面灰色横向笔触，快速有力，注意留白、深浅变化，建筑根部最深。天空暖灰色，短笔触方向多变，顺应建筑外形方向用笔，深色笔触最后叠加压住建筑边缘。

案例 18　文体活动中心

训练要点

学习重点：笔触要有长短和宽窄变化，利用线、面结合体现马克笔的特点。

画面色调：建筑物灰色系和蓝色系，环境绿色系，地面灰色，天空黄色。

钢笔稿：建筑玻璃幕折面用一个平屋顶和一排钢柱统一在一个方形空间中，增加了建筑的整体感，竖向幕墙框的表达是画面层次深化的重要方法。建筑入口处空间做丰富处理。

步骤1：建筑整体做明暗处理，玻璃涂蓝色，实墙体涂灰色，按照光线从右上侧向左下
　　　　侧照射来加强暗面和阴影。

步骤2：建筑整体层次深化，玻璃用蓝色、深蓝、灰色做深化处理，投影部位用细线刻画，
　　　　边界要清晰；实体墙面明暗层次要分明，笔触最好顺着透视方向，亮面涂浅色
　　　　留飞白；地面和环境用灰色先适当衬托建筑，线条粗细要有变化。

步骤 3：环境涂色和地面涂灰色，笔触要有长短粗细变化，地面深浅需要对应建筑立面的明暗；树木用绿色系表达，浅绿、中绿和墨绿分别涂色，按照素描阴影关系组织画面；天空用淡黄色，笔触斜向符合透视美感。

案例 19　七彩幼儿园

训练要点

学习重点：一层洞口边用彩色，呼应二层体块；大量运用灰色压住彩色的多样化，使画面不
　　　　　至于太花哨。

画面色调：灰色调环境下，红、黄、绿、青和白色建筑体块并不显得纷乱，蓝色玻璃增加了
　　　　　建筑的晶莹剔透感。

钢笔稿：多体块组合快速手绘案例。整体是两点透视，由于体块形体形状变化、角度变化，
　　　　导致消失点多样，在理解理论的基础上只能靠感觉去模拟实际情况，各个体块开窗
　　　　有大有小，一层二层有变化，洞口内部线条多一些，能表达层次关系。

步骤 1：整体色彩分析，二层设计为多彩体块，一层用白色体块来统一。先对二层四个体块分别涂红、黄、绿和青色，按照光线从左向右照射规律找阴影关系，暗面加深。

步骤 2：一层按照白色体块的效果涂色，暗面涂灰色，二层突出部分在一层立面上的投影也涂灰色，一层洞口内边分别涂与二层对应的色彩。玻璃平涂浅蓝色，再对投影和阴影部位的玻璃加深，地面上简单用灰色压几笔建筑根部。

步骤3：因为建筑色彩丰富，环境统一用灰色调处理。地面笔触按照透视方向，深浅变化；
　　　　树木用灰色系体现出树形和层次感；天空笔触长短不一，大体方向一致，加几
　　　　笔深色衬托建筑，方向可变化一些。

案例 20　图书馆

训练要点

学习重点：长笔触表现地面，短笔触表现天空；画面中黄、绿和蓝色系比较突出，除了灰色
　　　　　画面一般不超过三色。

画面色调：建筑橘黄系和蓝色系，地面天空暖灰色系，树木绿色系。

钢笔稿：最常见的两点透视方块体建筑，正立面透视角度小所占篇幅大，侧立面透视角度大
　　　　图面小。建筑体块中间部分凹进去并做幕墙式处理，幕墙框分格均匀，上下部分外
　　　　表皮为竖向肌理面材，用竖线均匀密布，暗面幕墙加深，主入口处线条加深突出重
　　　　点。建筑整体简洁，内部体块错动，空间丰富。环境树木表达模式化，简单概括。

步骤1：整体涂色找明暗关系，实体墙亮面涂暖黄色，暗面涂橘红色；玻璃幕亮面涂浅
　　　　蓝灰色，暗面涂蓝灰色，挑檐下面幕墙加深一层，表达投影关系。

步骤2：建筑继续加深色彩，实墙亮面涂中黄色，暗面涂橘红色，深度不够可以叠加灰色；
　　　　玻璃亮面涂蓝色，暗面涂蓝灰色直到暗下去，用深蓝色深化暗面和投影部位。

步骤 3：环境涂色，地面棕灰色长笔触，局部加深与建筑立面暗部对应的位置，建筑与地面交接部位加深；树木用绿色系表达，对树的亮面、灰面和暗面要有规律性的理解认识，用黄绿、中绿和墨绿快速涂色，短笔触方向不一，衬托出树形；绿地以横向笔触为主；天空的灰色用长短笔触交错，斜向符合透视关系，在灰色上面压几笔深灰色，有个层次变化。

案例 21 建筑师之家

训练要点

学习重点：幕墙细节要适当注意阴影变化；以灰色衬托鲜艳的色彩。

画面色调：建筑红色系和蓝色系，地面冷灰色系，天空暖灰色系，树木草地绿色系。

钢笔稿：建筑的大体块不复杂，立面细节分格变化较多。建筑横向线条表达都要符合两点透
视的规则，所有竖向线条保持竖直。实墙体块镶嵌小窗，幕墙分格符合近大远小的
透视规律。近景树注意树干造型，远景树注意块面概括，需要临摹熟练掌握。

步骤 1：按照光线从左上角向右下方照射进行分析，先对玻璃涂色，蓝色系，浅蓝、中蓝和深蓝逐层上色，浅蓝平涂，中蓝只涂上部并向下渗透形成变化效果，深蓝刻画阴影部位，实墙遮挡部位和幕墙框边位置按照光线方向画出阴影。

步骤 2：建筑实体部分涂红色，按照光线从左上侧向右下照射规律，墙体暗面加深，可以用深灰或暗红，也可以在红色基础上叠加灰色；幕墙颜色加深，突出层次。

步骤3：地面涂灰色，笔触长短粗细要有变化，地面深浅需要对应建筑立面的明暗；绿
　　　　色系树木按照光影关系分别用黄绿、中绿和墨绿涂色，层次关系需要临摹熟悉
　　　　掌握；天空的灰色用长短笔触交错，斜向符合透视关系，在灰色上面压几笔深
　　　　灰色，有个层次变化，笔触控制好边界。

案例 22　办公研发楼

训练要点

学习重点：配景大树的造型表达，黄色、绿色和墨绿形成丰富的层次感。

画面色调：建筑蓝色系和灰色系，地面灰色，树木绿色系，天空灰色和黄色。

钢笔稿：大体量建筑分解为多个小体块组合在一起，实体部分为单坡顶，有大小不同窗户点缀，虚体部分为玻璃幕墙，幕墙分格均匀。建筑左侧正立面以幕墙为主，幕墙分格为主要肌理。环境简单表达。

步骤1：先对玻璃涂色，蓝色系，浅蓝、中蓝、深蓝逐层上色，浅蓝平涂，中蓝只涂上
　　　　部并向下渗透形成变化效果，深蓝刻画阴影部位，实墙遮挡部位和幕墙框边位
　　　　置按照光线方向画出阴影。

步骤2：建筑实体部分涂灰色，按照光线从右侧向左照射规律，墙体暗面加深，幕墙也
　　　　跟着加深。

步骤3：地面涂灰色，笔触长短粗细要有变化，地面深浅需要对应建筑立面的明暗；绿色系树木按照光影关系分别用黄绿、中绿和深绿涂色；天空的灰色用短笔触，斜向符合透视关系，在灰色上面压几笔中黄色，避免画面单调，笔触控制好边界。

案例 23　地方文化馆

训练要点

学习重点：马克笔表达建筑形体的素描关系和马克笔色彩搭配。

画面色调：建筑蓝色系和暖灰色系，树木草地绿色系，地面灰色，天空蓝色系。

钢笔稿：弧面建筑体块的组合建筑，透视要表现得体，角度不能太大太夸张，也不能太平，
中间是玻璃圆柱体,通过竖向分格的疏密表达体积和透视，两侧是椭圆形体块，有盖
有边缘，体块之间的交接弧线要清晰交代，地面道路边界也是曲线，画面整体自然
得体。

步骤 1：

先对玻璃涂色，用蓝色系，对不同几何体的明暗关系进行素描分析，光源在左侧，圆柱体的五大调子高光、亮部、灰部、明暗交界线和反光都要有所体现。竖向笔触有利于控制边界，画面干净，暗部可以用深蓝，颜色最深部分可以用灰色叠加，屋檐下投影和窗框投影用深蓝细线描述出来。

步骤 2：

建筑实墙体块涂色，用暖灰色系，同样按照素描光影关系对各个体块表现出层次感，对体块之间的遮挡阴影要深入分析，层层加深，注意笔触方向和叠加，要在第一遍马克笔干了之后叠加第二遍颜色。

步骤3：周围环境涂色。地面用冷灰色，先满铺浅色，再用深色局部强调，建筑根部和
　　　马路边缘用深色压边；树木用绿色系表达，对树的亮面、灰面和暗面要有规律
　　　性的理解认识，快速用黄绿、中绿和墨绿涂色，短笔触方向不一，衬托出树形
　　　为目标，绿地以横向笔触为主；天空用蓝色系，斜向长短笔触，宽细笔触有机
　　　排列，最后用几笔深色衬托层次。

案例 24　多功能活动中心

训练要点

学习重点：大树几簇树冠和阴影表达；地面透视感、明暗强烈；天空少量笔触强调一下。

画面色调：建筑橘红色系和蓝色系，树木草地绿色系，地面冷灰，天空暖灰色系。

钢笔稿：大空间、大体块建筑表现实例，两侧各一个实体块中间镶嵌一个玻璃体，实体块概括、细节不多，一层开一些落地门窗，二层开小窗，玻璃体块注重边框分格细节表达，中间入口处折板形状与两侧实体开洞口形状呼应；前景树两棵重叠，背景树简单表现。

步骤1：先对建筑两侧体块实墙面涂色，橘红色系，笔触尽量按照透视方向运笔，控制好边界，光线从右侧向左侧照射，明暗层次明确，橘红、暗红和深红分别表达迎光面和背光面，运笔要快速均匀，防止停顿渗透导致局部颜色加重。

步骤2：幕墙涂蓝色系，先平涂浅蓝色，再用中蓝色表达深浅变化，边框根部适当刻画一下阴影；建筑地面先用灰色拉几笔，做一下对建筑的衬托。马克笔笔触要宽细结合，挺拔有力。

步骤 3：环境涂色。地面深化，浅灰、深灰综合运用，笔触的透视感表达飞白效果，同时地面的深浅对应建筑立面的深浅，有倒影效果；树木用绿色系深化，黄绿表达亮面，中绿表达灰面，墨绿表达暗面，注意对造型大树的重点刻画；天空用灰色短笔触叠加，方向各异，靠近建筑边界的笔触清晰，不能与建筑重叠。

案例 25　智能化实验中心

训练要点

学习重点：玻璃采用多种蓝色强调幕墙的丰富光影；异形体块也要认真分析各部位立面明暗。

画面色调：建筑土黄色系和蓝色系，树木草地绿色系，地面冷灰，天空暖灰色系。

钢笔稿：这是一个多边异形建筑，钢笔稿绘制比方块体建筑稍难一些，要特别注意各个体块的相对独立性和各个体块的交接边界清晰，不能含糊不清，每个体块所包含的多边窗看似凌乱，实际洞口之间有秩序性，窗口凹进墙面的层次感要刻意强调，窗户的分格，玻璃加深都是深化画面层次的方法；前景树注意形体，背景树概括表达。

步骤 1：开始玻璃涂色，蓝色系表达，先平涂一遍浅蓝色，再用天蓝色深化，按照光线
　　　　从左上向右下方照射的规律，深化洞口边缘在玻璃上的投影，中间玻璃幕墙按
　　　　照上深下浅变化规律涂色，幕墙折面要区分明暗。

步骤 2：实墙部分涂色，土黄色系表达实体墙面，同样按照投影规律区分相邻折面的明暗，
　　　　暗度不够可以在土黄色基础上用灰色叠加，或用深土黄色，油性马克笔笔触不
　　　　明显，颜色融合、均匀，控制好边界预防渗透。

步骤3：对环境的深入表现，背景树和前景树都用绿色系，浅绿、中绿和墨绿色按照树形和明暗体块关系逐一涂色，通过大量临摹掌握规律，运用素描关系处理好层次；地面用灰色表达，笔触干净快速，符合透视，同时笔触的深浅对地面上体块的明暗有所映衬，体现倒影效果；天空用暖灰色表达，短笔触斜向符合透视关系，不要满铺，适当断续，最后用深暖灰色压底衬托建筑。最后观察画面整体效果，层次不够的需要用深色再深化层次，注意局部加深，不可大面积深色调子。

案例 26　体育馆

训练要点

学习重点：地面的笔触感要熟练；墙面平涂均匀。

画面色调：建筑用蓝色系和棕黄色系，环境绿色系，天空灰色系。

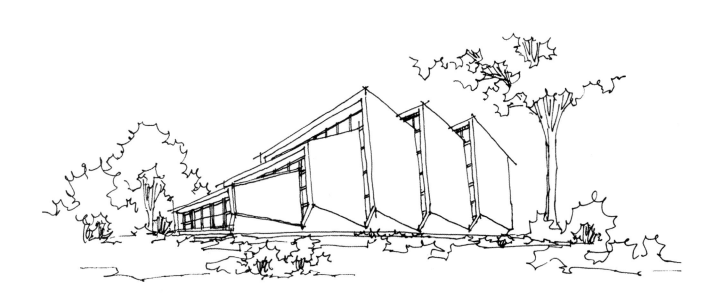

钢笔稿：建筑形体的塑造是靠五个体块的虚实拼接，五个体块衔接有种拉伸镜头的韵律美感，每个小体块都是由周围的实墙和衔接部位的幕墙组成，建筑物透视感强烈，可以适当夸张；地面绿化和背景树木简单概括。

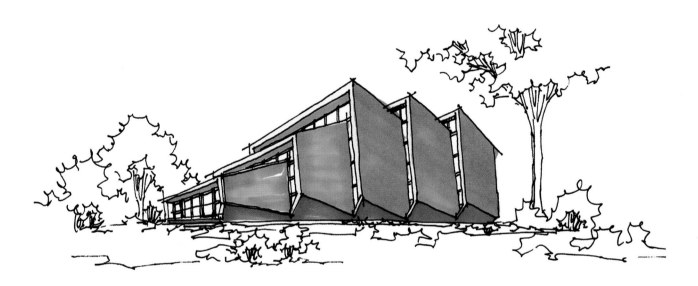

步骤1：建筑物五个体块用棕黄色系列，光线从左侧向右照射，注意区分明暗，每个体
　　　　块不同的面明暗是不同的，形成浅黄、棕黄和深棕色等几个块面色彩，立体感强。

步骤2：玻璃涂蓝色系，先平涂浅蓝色，再用中蓝色表达深浅变化，边框根部适当刻画
　　　　一下阴影；建筑周围先用深灰色涂抹几笔，做一下对建筑的衬托。

步骤 3：地面、背景树和前景树都用绿色系表达，地面笔触用横向飞笔，树木用短笔触
　　　　方向多样自然，注重深浅搭配，建筑物根部用深色，树的暗面和阴影部位用深色，
　　　　建筑物周围局部用深绿色衬托；天空用灰色系表达，先涂浅灰，后用深灰压一下。

案例 27 培训学校

训练要点

学习重点：画面虽然鲜艳，因不超过三个色系，所以没有杂乱感；地面长笔触训练。

画面色调：建筑物黄色系和蓝色系，环境绿色系，地面灰色，天空蓝色和黄色。

钢笔稿：学校建筑体块不复杂，通过连廊和挑檐等细节来丰富建筑立面层次，局部有体块穿
插，幕墙虚实对比等细节设计。钢笔稿最主要的地方是把建筑细节刻画出来，达到
深化层次的目的和效果。

步骤 1：黄色系列对建筑实墙部位涂色，亮面中黄色，暗面棕黄色，按照光线从右上方向照射过来，分析暗面的位置，整体平涂即可，局部可以体现笔触，笔触方向与透视一致。

步骤 2：蓝色系列表达玻璃，浅蓝色平涂，中蓝色局部加深，使玻璃有退晕变化，按照光线方向，深化玻璃边框阴影，使建筑空间效果增强；局部墙体用灰色表现，做个变化处理。

步骤3：地面用灰色调，按照透视方向拉笔触，注意地面深浅与建筑物深浅相对应，形成倒影反光效果；地面绿植笔触要概括干脆，远景树木用绿色系表现，符合明暗关系；近景造型树用绿色系笔触精简概括，中绿、墨绿和黄绿塑造出树的形态和季节感；天空先用淡黄色后用蓝色笔触压上，有种深远感，天空笔触斜向符合透视美感。

案例 28　地质博物馆

训练要点

学习重点：鸟瞰图不必画天空；绿色植物层次分明，适当留白。

画面色调：建筑物灰色系和蓝色系，环境、地面和远山绿色系、灰色系。

钢笔稿：半鸟瞰图表现，建筑物重点是曲线屋面和立面竖条幕墙表达。建筑物最重要的特点是三个曲线屋面的组合，屋面要画出一些肌理线条，屋面挑檐的准确表现是关键，能清晰交代建筑的细节为宗旨，竖向幕墙框也作为立面装饰存在，画的粗壮敦实，上面的玻璃用竖线条加密表达层次；树木、远山作为建筑的陪衬而存在，增强了地域场所感。

步骤1：先给玻璃幕墙涂色，平涂浅蓝色，再按照光线从左侧照射过来绘制阴影，局部
　　　　加上一些灰色取得变化。

步骤2：屋面整体涂灰色，先平涂再叠加深灰，横向用笔要肯定有力，不要犹豫，做出
　　　　深浅变化，在合适部位留出飞白，地面适当抹几笔灰色，整体按照明暗关系的
　　　　理解来涂色。

步骤 3：整个环境用绿色系来布置，浅绿、中绿和深绿依次涂色，按照树形的阴影层次
　　　　方法叠加笔触，又要注重颜色对建筑物的衬托，建筑物颜色浅，树木颜色深；
　　　　地面绿色笔触顺着透视方向，深浅有序，用灰色补充一些空白；远山用飞笔概
　　　　括一下；最后用黄绿色来改良画面，使画面有些温暖变化。

案例 29　海洋生物馆

训练要点

学习重点：海水使用蓝色和绿色，沙滩浅土黄色，互相映衬；鸟瞰图中背景树木对建筑衬托
　　　　　作用较大。

画面色调：建筑物蓝色和暖灰色系，树木绿色系，沙滩黄色，海水蓝色和绿色系，画面干净
　　　　　而不单调。

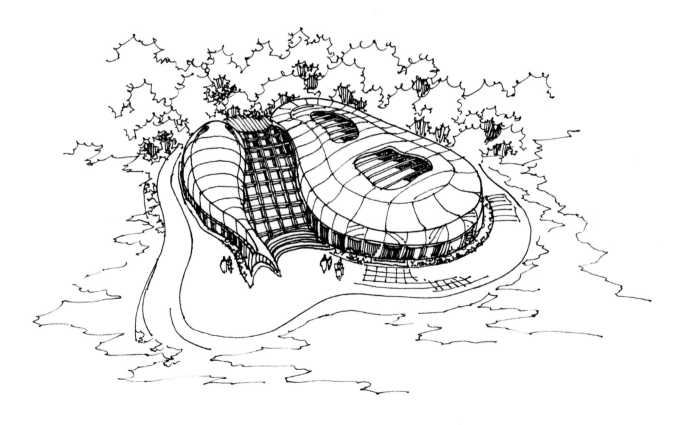

钢笔稿：鸟瞰图表达曲面建筑，重点还是对建筑物的层次体现。建筑屋面曲面板材拼缝、玻
　　　　璃幕墙的深浅变化，幕墙的阴影处理都是建筑深化的要素；水岸地面曲线边缘是对
　　　　建筑形态的适应性设计，水岸与水纹处理要放松与变化，避免死板；背景树木作为
　　　　画面的屏障，使视野焦点集中于建筑物，树木同样做层次化处理。

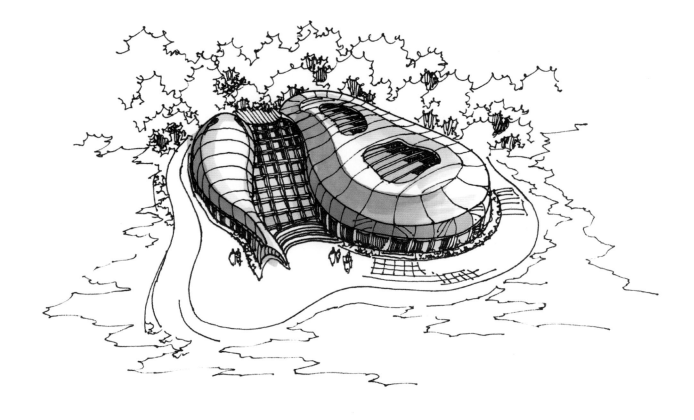

步骤 1：光线从右侧照射过来，用暖灰色表现建筑体块的明暗，弧面明暗要过渡均匀自然，
　　　　笔触柔和一些，但折面部位明暗边界要清晰；玻璃涂蓝灰色，同样注重明暗体现，
　　　　可用灰色叠加蓝色表达暗部。

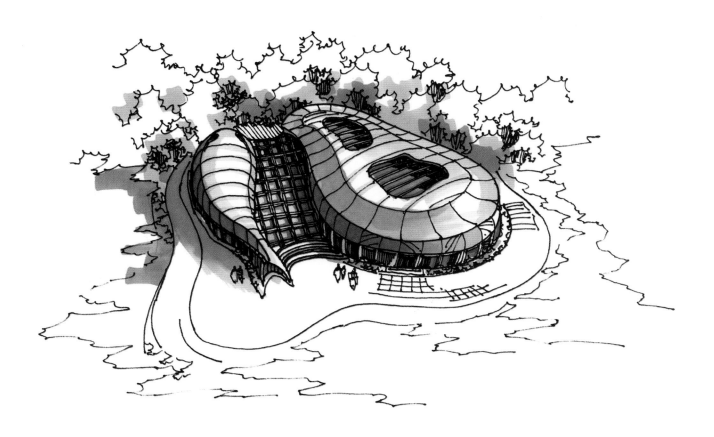

步骤2：建筑周围涂深灰色，衬托建筑表达层次，避免笔触生硬，结合环境弹性表达；
建筑暗面加深，整体深化，阴影部位加入冷灰色；蓝色玻璃涂色，玻璃幕墙框
的阴影要刻意强调，形成立体层次。

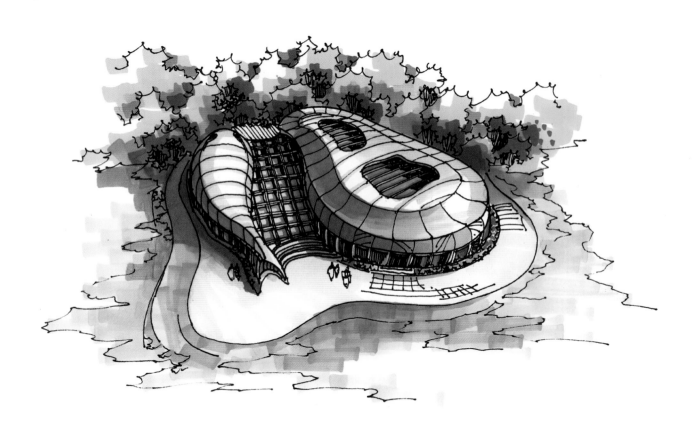

步骤 3：环境陆续涂色，沙滩土黄色，水面蓝色绿色做个变化，当然仍有浅蓝深蓝的过渡；
　　　　背景树木用浅绿、中绿和深绿画出立体感，局部用墨绿、黄绿提亮画面；最后
　　　　整体调整画面层次感，阴影加深。

案例30　水岸艺术中心

训练要点

学习重点：白色建筑体块在棕红色平台和绿色系环境映衬下并不显得单调，更加有建筑韵味
　　　　　和气质；绿树笔触可以用短宽笔、短线和圆点组合表达。

画面色调：画面整体由棕色系平台、蓝色系水面和绿色系树木来衬托灰白色建筑物。

钢笔稿：特别注意鸟瞰图的透视感。建筑体块清晰，透视感准确，建筑门窗洞口线条加
　　　　密，体现层次感；水岸平台作为建筑的底托，线条表达面材缝隙；树木环境衬托建
　　　　筑，靠近建筑部位树木加深；远处山体简单概括，水面纹理简单几笔表达，活跃画
　　　　面氛围。

步骤1：

建筑体块区分明暗，光源从左前方照射，形成右面最暗、前方次之、屋顶最亮的关系，明暗面要用同色系不同深浅的马克笔涂色，确定建筑体块为乳白色，用灰色系表达明暗；同理玻璃也按照此方法用蓝色系表达明暗。

步骤2：

水岸平台涂色，先均匀涂一遍浅棕红色，再由远及近做个深浅变化，深色部位用深一些的棕红色叠加，或者用灰色叠加。建筑在平台投影部位用灰色加深，建筑周围的树木先用灰色找出层次，主要是对建筑物衬托对比，建筑物明暗层次继续加强。

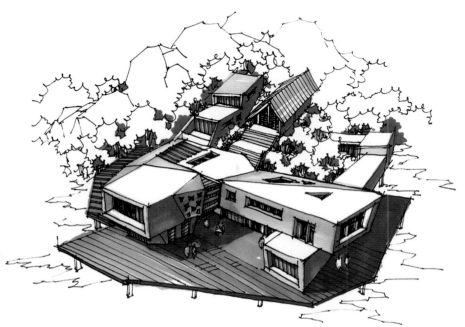

步骤3：平台下水面用湖蓝色平铺，注意横向笔触同时留白，深浅疏密变化；树木用绿
色系表达，浅绿、中绿和墨绿分别涂色，按照素描阴影关系组织画面，点缀黄
绿提亮活跃画面，特别要注意建筑周围的树木加深层次形成对建筑物的衬托，
做到画面层次明晰、色感明快和氛围宁静。

什刹海烟袋斜街

本章节针对不同建筑类型、不同建筑环境的表达内容进行分析讲解，使读者在融入建筑创作快乐氛围的同时，学习并掌握马克笔手绘创作的技巧方法。

4.1　北京胡同老街写生

写生要点

·在整个灰色画面中鼓楼墙体红色重点突出

·注重屋檐的阴影刻画和地面色彩深浅变化

鼓楼大街 1

写生要点

· 多个体块组合强调
　阴影明暗的一致性

· 在蓝灰色调中加入
　咖啡色调节画面

· 深色地面对整个画
　面起衬托作用

鼓楼大街 2

写生要点

· 在整体灰色调中点
　缀红、绿、蓝色，
　丰富画面

· 着重对阴影的表达
　和地面、砖墙的笔
　触感体现

白塔寺街区

写生要点

· 墙面用暖灰色调刻
画亮部，用深咖啡
色刻画阴影

· 用蓝灰色笔触描绘
天空，衬托建筑

笤帚胡同

写生要点

· 画面以灰色和土黄
色系为主，体现建
筑的文脉属性

· 胡同左右的房子通
过远景和地面色彩
连接在一起

· 人物车辆留白，突
出建筑主体

铁树斜街

写生要点

· 画面选用蓝灰色调，表现历史街区的沧桑感

· 笔触的排布，顺着灰砖的方向、错落并协调一致

· 灵活的几笔深色体现空间层次

大栅栏煤市街

写生要点

· 画面的用色重点在中间部位，其他逐步概括简略

· 屋檐下加深，门框局部留白体现层次

· 在局部加几笔咖啡色显示色彩变化

西四小院

写生要点

· 注重对砖缝、地面的勾画，顺着树枝的方向细笔涂色

· 画面重点部位是大门的阴影刻画和颜色变化

琉璃厂小巷

写生要点
· 画面中蓝灰色和浅红色调并用
· 在丰富的明暗色块中注意留白

什刹海烟袋斜街

写生要点

· 在暖灰色调中加入
  橘黄色活跃画面
· 学习地面简洁的笔
  触表达
· 墙面的笔触顺着透
  视方向，注意留白

炭儿胡同

写生要点

· 整个画面的暖灰色
  调与建筑年代氛围
  相吻合
· 注重对门窗口的层
  次刻画
· 对建筑的焦点钟塔
  部位的色彩层次重
  点强调

西郊民巷大陆银行旧址

写生要点

· 运用砖红色调表明
　建筑的材质，反映
　历史特点

· 对柱廊下阴影用深
　色刻画

· 以较少的笔触点缀
　树木

东郊民巷比利时使馆旧址

写生要点

· 画面按照光影规律
　暗面涂深色，凸现
　立体感

· 红色小楼作为图面
　中重点强调内容

· 树木的表达方法：
　横向短笔触，树干
　留白

东郊民巷街景

写生要点

· 运用马克笔短笔触、点状笔触表达石头、树木等

· 水面弱化笔触感，增强有淡彩效果

· 画面游廊用红色点缀文化特色

北海静心斋

写生要点

· 运用点状笔触对树叶、树枝、树干进行表现
· 同色系按照素描关系进行层次表达
· 红色调表现古建筑体现意境

北海团城

写生要点

· 运用点状笔触表达
　绿色树丛

· 树丛要强调明暗层
　次，重点是对建筑
　物的衬托

颐和园佛香阁

写生要点

· 重点是对建筑体
　块明暗、立体感的
　表达

· 对屋檐、柱廊的阴
　影刻画出层次

· 运用红色调点明古
　建筑主题

北京正阳门

4.2　皖南古村落写生

写生要点

· 在灰色调画面中对
　建筑的层次体现

· 用深色天空的描绘
　衬托建筑

· 水面表达活跃使画
　面有灵气

西递村口

写生要点

· 用灰色调表达墙面
　的斑驳历史感，局
　部暖色调

· 在墙檐下刻画阴影
　体现画面层次

· 用深浅笔触进行水
　面斑驳光影的表现

宏村月沼

写生要点

· 画面整体明暗反差
  强烈，有黑白版画
  效果

· 马克笔触顺直，体
  现速度和力量感

· 训练笔触边界的精
  确力度，控制到位

西递村街巷 1

写生要点

· 墙面的灰色笔触顺
  着透视方向排布

· 深色笔触对檐下、
  背光墙面的加深

· 天空留白，显示建
  筑的轮廓线

西递村街巷 2

写生要点

· 运用长笔触表达墙面,宽细变化,符合透视

· 绿色系短笔触表达树木,注重明暗层次

· 地面笔触要顺畅快速,有方向感

李坑村口

写生要点

· 注意墙面的笔触感与留白方式

· 对比各个墙面的明暗变化,屋檐下加深

· 表现水溪的纵深感,运用层次刻画手法

李坑村街巷

写生要点

· 马克笔灰色系的层
次表现
· 地面短笔触灵活的
表现

西递村街巷 3

写生要点

· 对光影明暗面的区
分表现
· 砖石细节的短笔触
表现
· 马克笔笔触长短的
节奏感

西递村街巷 4

4.3　北京现代建筑写生

写生要点

· 天空与水面的蓝色
调相辉映，衬托
建筑

· 天空的蓝色系深浅
层次表现

· 马克笔笔触表现水
面的光影感和建筑
倒影

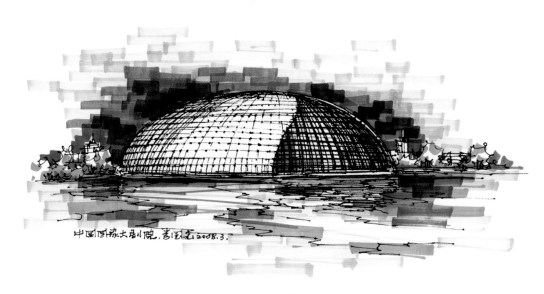

国家大剧院

写生要点

· 用绿色树木环境衬
托白色建筑

· 建筑本身的明暗面
表达

· 有节奏的地面和台
阶笔触表现

长城脚下的公社

写生要点

· 建筑明暗面的立体感表现

· 灵活变化的天空笔触表达

· 用短笔触色块表现树木

· 深色地面衬托多种色彩汽车

北京·中央电视台. 2000.6.

中央电视台办公楼

写生要点

· 大面积幕墙蓝绿色
  彩的表现
· 树木绿色衬托建筑
  墙面
· 地面用深色调，汽
  车留白

北京音乐厅

写生要点

· 对建筑整体的立体
  感表现
· 蓝色笔触表达建筑
  幕墙的深浅变化
· 简洁灰色笔触表达
  地面

中央电视台新址

写生要点

- 用蓝色短笔触表达立面母题图案，大量留白
- 天空用红色笔触，与建筑进行对比与衬托
- 深色细线条勾勒地面，再涂浅灰色

国家游泳馆水立方

写生要点

- 建筑玻璃幕墙的明暗表达
- 树木表达的层次与留白
- 用灰色天空衬托浅色墙面

新兴大厦

4.4　香港城市建筑写生

写生要点

· 天空用蓝色系笔触，深浅层次表达，衬托建筑
· 训练建筑群体的明暗概括表现方法

中环建筑群

写生要点

· 画面蓝色系列的明暗表现

· 建筑体块的暗面用灰色加深

· 训练水面的光影感和倒影体现

维多利亚湾建筑立面 1

维多利亚湾建筑立面 2

写生要点

· 探索远处山体的概括方法
· 远处建筑物稍加色彩点缀
· 横向笔触表现水面的节奏感

红墈海湾

写生要点

· 对客轮的明暗、立体感表现
· 用长短笔触的结合表达水面
· 远景建筑物的概括表达方法

客轮入港

写生要点

· 画面整体以暖灰色
　调为主
· 门窗用深蓝色刻画
　阴影

居民区街景 1

写生要点

· 画 面 整 体 用 暖 灰
　色调
· 门窗用深蓝色刻画
　阴影
· 地面用简洁有层次
　的表现方式

居民区街景 2

写生要点

· 在灰色调画面中突出红色的钟塔

· 远处的建筑、景物概括画出明暗，注意留白

· 建筑阴影和地面用深色笔触加强画面进深感

尖沙咀钟塔

写生要点

· 对中间红色老建筑体积感的深化

· 绿色树木以留白方式衬托建筑

· 灰色笔触表现道路，以透视感强调构图

九龙半岛街景

写生要点

· 训练玻璃幕墙的明
　暗与阴影表现方式
· 硬朗的笔触概括建
　筑的暗面
· 简练的灰色地面笔
　触表达

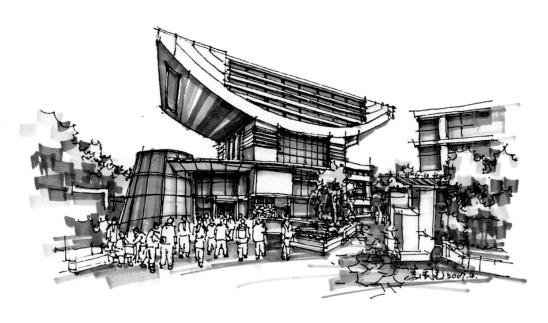

太平山顶凌霄阁

写生要点

· 对每个尖屋顶进行
　立体感表现
· 建筑各部分墙面的
　多色彩明暗变化
· 对环境、地面的概
　括式表达

迪斯尼乐园城堡

写生要点

· 远处用绿色笔触衬
托建筑轮廓线

· 建筑浅色，进行简
练表达

· 细心勾画蓝色笔触
的水体，贯穿画面
中心

货运码头景观

写生要点

· 以绿色作为鸟瞰图
主色调，笔触简练
概括

· 蓝色调笔触表现水
面，体现出纵深感

· 水面笔触注意留白
和节奏变化，有光
影感

赤柱风景区

4.5　建筑快题设计马克笔表达

　　建筑快速概念表达在建筑概念设计、方案设计中，精要、完善的表达会提高工作效率，让人们更直观地理解设计意图，漂亮、简洁、更具艺术性的图面能够为设计方案增色，因此在建筑设计构思过程中，快速有效的手绘表现非常重要。训练建筑手绘表现的能力，主要从强化建筑效果图、平面图、立面图的表达等方面入手。

艺术创作室快速表现

小型办公楼快速表现

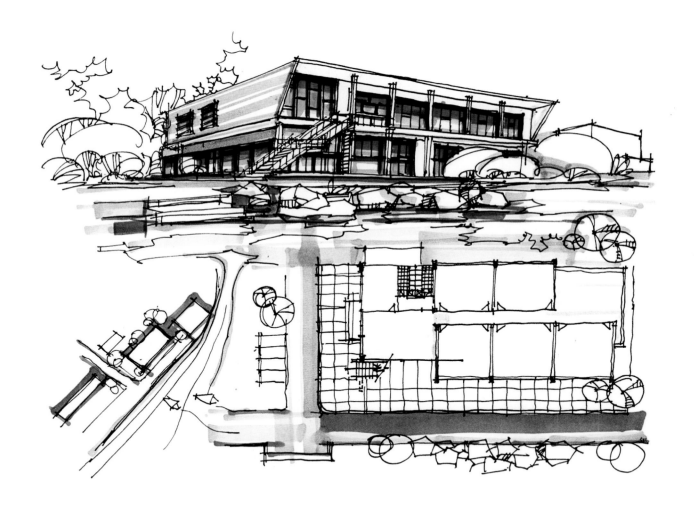

小型俱乐部快速表现

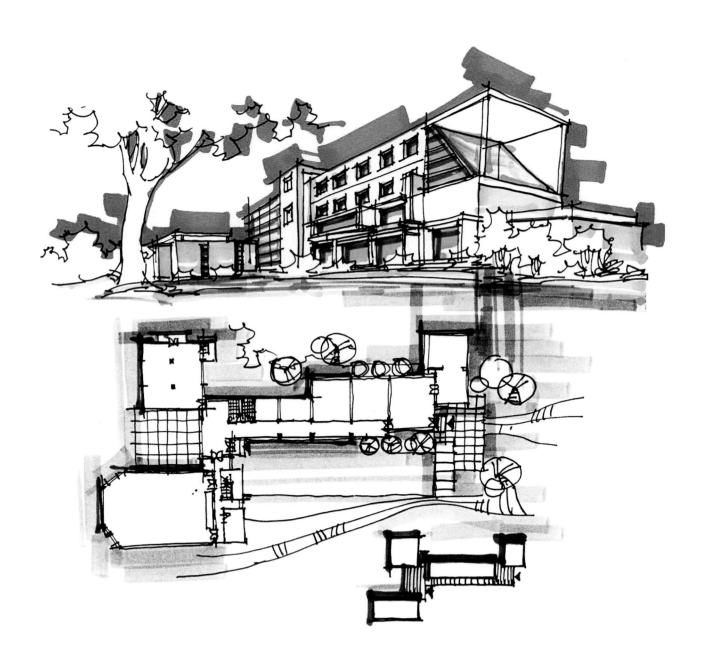

小型科研楼快速表现

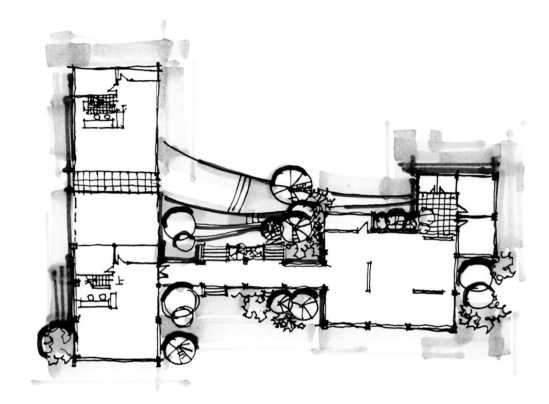

景区餐厅快速表现

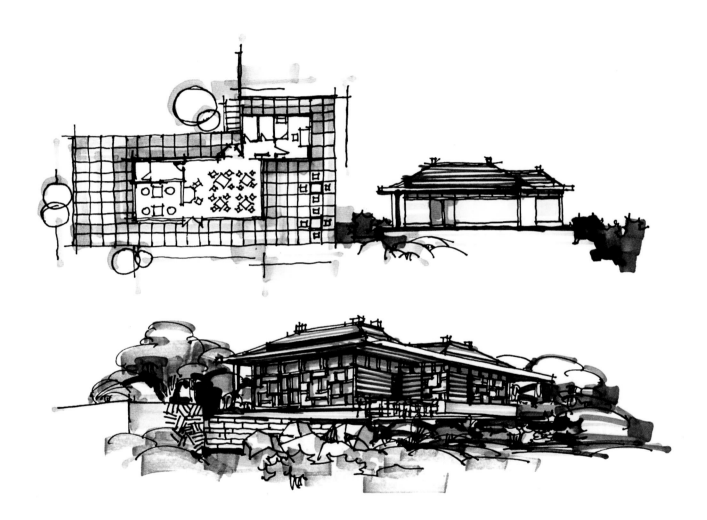

景区茶室快速表现

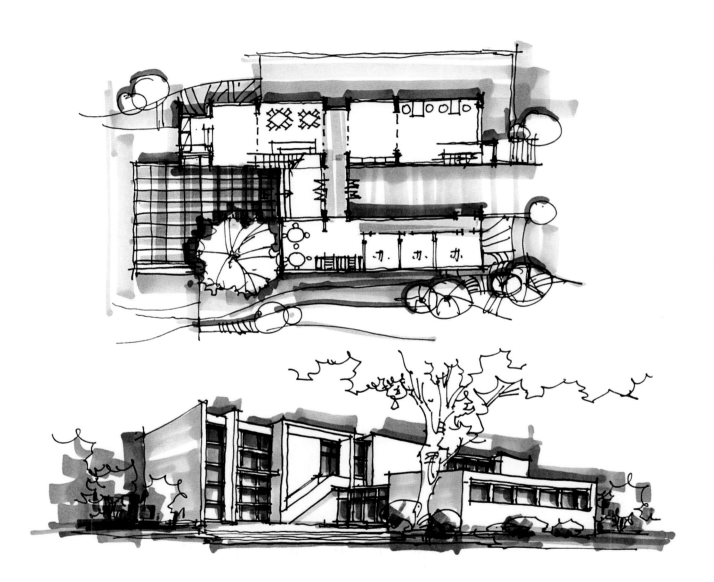

社区中心快速表现

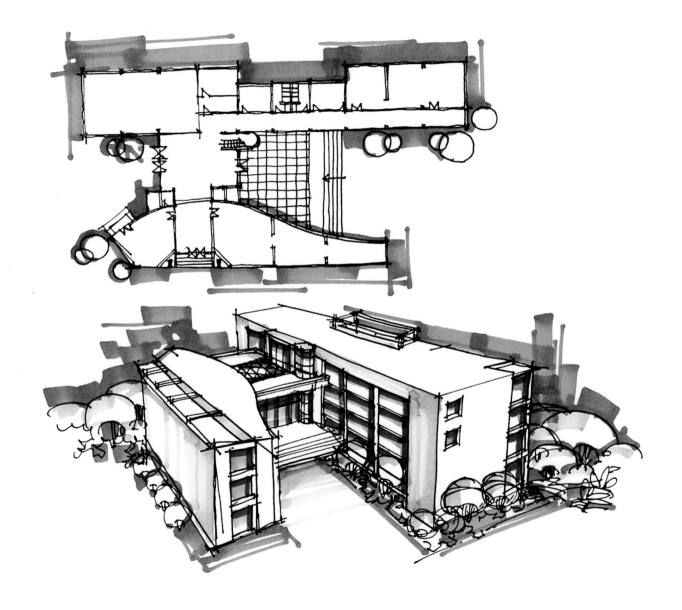

培训中心快速表现

参考文献

[1] 王天扬，王宏岳，杨涛. 马克笔表现技法. 武汉：湖北长江出版集团 湖北美术出版社，2008.

[2] 李钢. 马克笔建筑表现技法. 武汉：华中科技大学出版社，2007.

[3] 夏克梁. 建筑画——麦克笔表现. 南京：东南大学出版社，2004.

[4] [美]R.麦加里，G.马德森，白晨曦译. 美国建筑画选——马克笔的魅力. 北京：中国建筑工业出版社，1996.

[5] 荆其敏，张丽安. 马克笔建筑草图技法——建筑画2. 北京：中国电力出版社，2006.

[6] 许祥华. 建筑宽笔表现. 上海：同济大学出版社，2006.

[7] 陈伟. 马克笔的景观世界. 南京：东南大学出版社，2005.

[8] 彭一刚. 建筑绘画及表现图. 北京：中国建筑工业出版社，1987.

[9] 钟训正. 建筑画环境表现与技法. 北京：中国建筑工业出版社，1985.

[10] 叶荣贵，庄少庞. 华南理工大学建筑学院——快速建筑设计50例. 南京：江苏科学技术出版社，2007.

[11] 胡振宇，林晓东. 建筑学快题设计. 南京：江苏科学技术出版社，2007.

[12] 孙科峰，王轩远，张天臻. 建筑设计快题与表现. 北京：中国建筑工业出版社，2005.

[13] 黎志涛. 快速建筑设计方法入门. 北京：中国建筑工业出版社，1999.